中华复兴之光
伟大科教成就

祖传书籍刻印

周丽霞 主编

U0311994

汕頭大學出版社

图书在版编目（CIP）数据

祖传书籍刻印 / 周丽霞主编. -- 汕头 ：汕头大学
出版社，2016.3（2023.8重印）
（伟大科教成就）
ISBN 978-7-5658-2446-3

Ⅰ．①祖… Ⅱ．①周… Ⅲ．①印刷史－中国－古代－
普及读物 Ⅳ．①TS8-092

中国版本图书馆CIP数据核字（2016）第044165号

祖传书籍刻印　　　　　　　　　　ZUCHUAN SHUJI KEYIN

主　　编：周丽霞
责任编辑：任　维
责任技编：黄东生
封面设计：大华文苑
出版发行：汕头大学出版社
　　　　　广东省汕头市大学路243号汕头大学校园内　邮政编码：515063
电　　话：0754-82904613
印　　刷：三河市嵩川印刷有限公司
开　　本：690mm×960mm 1/16
印　　张：8
字　　数：98千字
版　　次：2016年3月第1版
印　　次：2023年8月第4次印刷
定　　价：39.80元
ISBN 978-7-5658-2446-3

前　言

　　党的十八大报告指出："把生态文明建设放在突出地位，融入经济建设、政治建设、文化建设、社会建设各方面和全过程，努力建设美丽中国，实现中华民族永续发展。"

　　可见，美丽中国，是环境之美、时代之美、生活之美、社会之美、百姓之美的总和。生态文明与美丽中国紧密相连，建设美丽中国，其核心就是要按照生态文明要求，通过生态、经济、政治、文化以及社会建设，实现生态良好、经济繁荣、政治和谐以及人民幸福。

　　悠久的中华文明历史，从来就蕴含着深刻的发展智慧，其中一个重要特征就是强调人与自然的和谐统一，就是把我们人类看作自然世界的和谐组成部分。在新的时期，我们提出尊重自然、顺应自然、保护自然，这是对中华文明的大力弘扬，我们要用勤劳智慧的双手建设美丽中国，实现我们民族永续发展的中国梦想。

　　因此，美丽中国不仅表现在江山如此多娇方面，更表现在丰富的大美文化内涵方面。中华大地孕育了中华文化，中华文化是中华大地之魂，二者完美地结合，铸就了真正的美丽中国。中华文化源远流长，滚滚黄河、滔滔长江，是最直接的源头。这两大文化浪涛经过千百年冲刷洗礼和不断交流、融合以及沉淀，最终形成了求同存异、兼收并蓄的最辉煌最灿烂的中华文明。

五千年来，薪火相传，一脉相承，伟大的中华文化是世界上唯一绵延不绝而从没中断的古老文化，并始终充满了生机与活力，其根本的原因在于具有强大的包容性和广博性，并充分展现了顽强的生命力和神奇的文化奇观。中华文化的力量，已经深深熔铸到我们的生命力、创造力和凝聚力中，是我们民族的基因。中华民族的精神，也已深深植根于绵延数千年的优秀文化传统之中，是我们的根和魂。

　　中国文化博大精深，是中华各族人民五千年来创造、传承下来的物质文明和精神文明的总和，其内容包罗万象，浩若星汉，具有很强文化纵深，蕴含丰富宝藏。传承和弘扬优秀民族文化传统，保护民族文化遗产，建设更加优秀的新的中华文化，这是建设美丽中国的根本。

　　总之，要建设美丽的中国，实现中华文化伟大复兴，首先要站在传统文化前沿，薪火相传，一脉相承，宏扬和发展五千年来优秀的、光明的、先进的、科学的、文明的和自豪的文化，融合古今中外一切文化精华，构建具有中国特色的现代民族文化，向世界和未来展示中华民族的文化力量、文化价值与文化风采，让美丽中国更加辉煌出彩。

　　为此，在有关部门和专家指导下，我们收集整理了大量古今资料和最新研究成果，特别编撰了本套大型丛书。主要包括万里锦绣河山、悠久文明历史、独特地域风采、深厚建筑古蕴、名胜古迹奇观、珍贵物宝天华、博大精深汉语、千秋辉煌美术、绝美歌舞戏剧、淳朴民风习俗等，充分显示了美丽中国的中华民族厚重文化底蕴和强大民族凝聚力，具有极强系统性、广博性和规模性。

　　本套丛书唯美展现，美不胜收，语言通俗，图文并茂，形象直观，古风古雅，具有很强可读性、欣赏性和知识性，能够让广大读者全面感受到美丽中国丰富内涵的方方面面，能够增强民族自尊心和文化自豪感，并能很好继承和弘扬中华文化，创造未来中国特色的先进民族文化，引领中华民族走向伟大复兴，实现建设美丽中国的伟大梦想。

目 录

古老载体

版印纸书

书业盛况

古老载体

　　汉字的产生为古籍的形成提供了先决的条件，当汉字与承载材料结合在一起时，往往被称之为"书"，也就开始了古籍发展的历程。

　　从西周至春秋战国时期，是古籍发展历史上的最初阶段。在这一时期，殷商时期甲骨的书、西周时期青铜的书，以及春秋战国时期的石刻书、简牍书和缣帛书，无不巧借载体，体现了最初图书的不断变迁。

　　这些古代文献不仅承载着中华民族悠久的历史和灿烂的文明，更对后来承载汉字的载体及成书方式产生了深远影响。

汉字的起源与演变过程

　　那是上古时期，人们为了要记住一件事，就在绳子上打一个结，以后看到这个结他就会想起那件事。如果要记住两件事，他就打两个结，记3件事，他就打3个结……

当时结绳记事的内容，包括战争、猎获、会盟、选举、庆典、联姻、生育、疾病和灾害等。据《周易·系辞下》记载："上古结绳而治，后世圣人易之以书契，百官以治，万民以察。"因此后世有学者认为"文字起源于结绳"。

黄帝统一华夏之后，

感到用结绳的方法记事，远远满足不了要求，就命他的史官仓颉想办法，尽力解决这个问题。于是，仓颉在当时的洧水河南岸的一个高台上造屋住下来，专心致志地琢磨起来。可是，他苦思冥想，想了很长时间也没想出办法来。

相传有一天，仓颉正在思索之时，只见天上飞来一只凤凰，嘴里叼着的一件东西掉了下来，正好掉在仓颉面前，仓颉拾起来，看到上面有一个蹄印，可仓颉辨认不出是什么野兽的蹄印，就向猎人请教。

猎人看了看说："这是貔貅的蹄印，与别的兽类的蹄印不一样，别的野兽的蹄印，我一看就知道。"

仓颉听了猎人的话很受启发。他想，万事万物都有自己的特征，如能抓住事物的特征，画出图形，大家都能认识，这不就是一个最好的办法吗？

从此，仓颉便注意仔细观察各种事物的特征，譬如日、月、星、云、山、河、湖、海，以及各种飞禽走兽、应用器物，并按其特征画出图形。这样日积月累，时间长了，仓颉画出许多符号，他给这些符号起了个名字，就叫做"字"。

仓颉把他造的这些字献给黄帝，黄帝非常高兴，立即召集九州酋长，让仓颉把造的这些字传授给他们。于是这些字便开始应用起来。

为了纪念仓颉造字之功，后人把洧水河南岸仓颉造字的地方称作凤凰衔书台，还在这里建了一座庙，取名凤台寺。

其实，结绳说和仓颉造字只是汉字起源的不同说法。此外还有八卦说、河图说和图画说。

"八卦说"是汉代经学家孔安国的观点，他在《古文尚书》序说道：

古者庖牺氏之王天下也，始画八卦，造书契，以代结绳之政，由是文籍生焉。

"河图说"认为，传说伏羲氏时，有龙马从黄河出现，背负"河图"；有神龟从洛水出现，背负"洛书"。伏羲根据这种"图"、"书"画成八卦，这是汉字的起源。

"图画说"是现代学者的观点，认为汉字真正起源于原始图画。一些出土文物上刻画的图形，与文字的产生有渊源关系。如陕西华县泉护村遗址、新石器时代仰韶文化的彩陶盆上的4个鸟形图案，足以使人确信汉字是从原始图画演变出来的。

总而言之，汉字及其体系的完备，不是由一个或几个人创造的，它是我们祖先集体智慧的结晶。随着人们生活、生产和交往的发展，至殷商时期，汉字已经相当地成熟了。

据考古工作者在殷墟的考古发现，殷商时期文字载体的门类已经很多。当时的文字除了用毛笔书写在简册上之外，其他的主要手段就是刻写在龟甲兽骨、陶器、玉石上以及陶铸在青铜器上。

商代文字资料以甲骨和青铜礼器为主要载体，是迄今为止发现的最早的成熟文字。殷商文字不仅表现在字的数量多，材料丰富，还突出表现在文字的创造方式上已经形成了自己的特点和规律。

在殷商时期，文字基

本字的结体特征可分为四大类：取人体和人的某一部分形体特征为构字的基础；以劳动创造物和劳动对象为构字的基础；取禽兽和家畜类形象为构字的基础；取自然物象为构字的基础。

从构形的文化内涵上来考察，这些成熟较早的字形所取材的对象与当初先民们的社会生活相当贴近，具有很强的现实性特征。同时，这些字形所描写的内容涉及了人和自然的各个层面，因而还具有构形来源广泛性的特征。

历代学者经过长期的艰辛探索，总结出了汉字组字的基本原理，这就是"六书"。

"六书"在《周礼》中就有提到了，只是没有说明具体内容。直至后来东汉著名文字学家许慎在《说文解字》中，才详细阐述了象形、指事、会意、形声、转注和假借这"六书"的汉字构造原理。

象形造字法是依照物体的外貌特征来描绘出来。如日、月、山、水等4个字，最早就是描绘日、月、山、水之图案，后来逐渐演化变成现在的字型。

指事是指表现抽象事情的方法，所谓"各指其事以为之"是也。如人在其上写作

"上"，人在其下写作"下"。

形声是以特定字根表特有的音。例如"胡"这个字根，结合不同的属性，可合成为"蝴、湖、葫、瑚、醐"等，而以同样的发音，表达不同的事物。但形声字，也因古今语言音韵变迁，不少古代同类形声字在今天的官话已无共同音素了。

会意是将两个字根组合起来，便衍生出新的含意。如"日"和"月"组合起来，就是日光加月光变成"明"。"人"字和"言"字合成"信"字，意思就是人过去所言；有信，就是这个人都很遵守自己说过的话。

转注是用于两个字互为注释，彼此同义而不同形，也就是说一个字根记录两个读音和意义完全不同的两个词。例如"帚和妇"与甲骨文中的"母和女"等字。

假借是借用一字去表达别的事物。一般来说，是有一个无法描述的新事物，就借用一个发音接近或是属性近似的字根，来表达这个新事物。例如："又"，本来是指右手，但后来被假借当做"也是"的意思。闻，本意是用耳朵听的意思，但后来被假借成嗅觉的动词。

以上"六书"，是古代文字学学者归纳出来的字学理论。其所含汉字构成法则，是长期演化而成的，同时也证明它不是任何一个人独创的。

汉字是很有趣的文字，从古代至现代，汉字的形体发生了很大的变化。这个变化过程很漫长，从甲骨文开始，中经金文、篆书、隶书，直至楷书，大约经过了3000多年。

自从汉字在殷商时期走向成熟，当时的人们就将占卜时的卜辞、重要历史事件等用文字记录下来，形成了甲骨刻辞、青铜铭文、石鼓文字等这些属于档案性质的文献资料，这就是最初的书籍。从此，我国古籍历史揭开了新的篇章。

知识点滴

传说中仓颉生有"双瞳四目"，以仰观苍穹之变。我国史书上记载有重瞳的只8个人：仓颉、重耳、虞舜、项羽、吕光、高洋、鱼俱罗和李煜。

仓颉是黄帝时代的"造字圣人"；虞舜是禅让的圣人，孝顺的圣人，"三皇五帝"之一；晋文公重耳是"春秋五霸"之一；吕光则是十六国时期横扫西域的后凉国王；高洋是北齐建立者；鱼俱罗相传是击杀猛将李元霸的隋代名将；李煜是五代十国时南唐后主，著名词人；项羽则是旷古绝今的"西楚霸王"。

商代的甲骨文与甲骨书

殷商时期，汉字已经被人们用来记载日常生活中发生的事情。由于当时人们征服自然，改造自然的能力很弱，生活中的大小事情全凭占卜决定可否，依此来预测吉凶。

当时人们就地取材，以龟甲和兽骨为记录材料，把占卜的内容刻在龟甲或兽骨上。这样，我国最早的图书产生了，这就是甲骨书。

流传至今的甲骨图书，是清代光绪年间在河南安阳县城西北的小屯村发现的。小屯村北濒临洹水，殷商曾建都于此。安阳农民在洹水岸边劳作时，偶然间在黄土层下挖掘出许多龟甲兽骨，他们误以为是龙骨药材，就卖给了药铺。

1899年夏天，清代末期著名学者王懿荣，因患疟疾求医，所吃中药中有一味龙骨，无意中发现龙骨中划刻有古字。这一发现使他大为惊讶，便着手收集。

王懿荣是当时有名的金石学家，对古代文字研究有很深的造诣。龙骨上的奇异文字，引起他极大兴趣，并进行精心研究。后又经刘鹗、孙诒让、罗振玉、王国维等学者的研究，鉴定这是殷商时期的一种文书，故称"殷墟文"，又称"甲骨文"。

据后来发掘出土的实物来看，殷商主要用龟甲、兽骨为书写材料。当时的龟甲多产于南部，诸侯以龟作为贡品，呈献给朝廷。安阳出土的龟甲，经考证多产于长江流域和南方沿海各省。另外，殷人采用龟甲为书写材料，是因为龟甲有较宽阔而又光滑的表面可供镂刻。

此外，牛骨也是当时的刻字材料。在那个时候，牛不仅是主要的耕作工具，而且是重要的祭祀用品，殷人用牛祭祀神灵，免灾除祸，因此也就用所剩的牛骨刻字，记载事情。

甲骨是重要的占卜工具。人们在占卜之前，先把龟甲和牛肩胛骨锯削整齐，然后在甲骨的背面钻出圆形的深窝和浅槽。占卜时，先把要问的事情向鬼神祷告述说清楚，接着用燃烧着的木枝，对深窝或槽侧烧灼，烧灼到一定程度，在甲骨的相应部位便显示出裂纹来。

烧灼之后，占卜者根据裂纹的长短、粗细、曲直、隐显，来判断事情的吉凶、成败。然后，便用刀子把占卜的内容和结果刻在卜兆的近处，这种文字就是甲骨文，或称"卜辞"。

甲骨书文字是刻写的，有的填上朱砂或黑墨，商王朝第二十三位国王武丁时期的甲骨文字，还填有绿松石来装饰。

文字中最多的一类是代表实物的象形文字，如人体、动物、器皿等，它们不是简单的图画，而是一些约定俗成的符号，简单有力地表现出各种东西的特征。例如，表示动物的符号，都是极简单的线条，大都表示直立或侧影，头部在上方，以便直行书写，面部向左，因此多为自右向左的顺序。

其次是会意字，用符号表示意念而非实物。它们代表一个动作或一个方位或以其组合表示某种意义。

甲骨书的文字内容涉及很广，有天象，如日食、月食、晴、雨、风、雪等；有定期的预测，如卜旬、卜夕等；有预测即将发生的事件，如旅行外出、渔猎和战争；还有生、死、病、梦等人事的休咎以及对祖先、神灵的祭祀。比如有一个大的龟甲上边刻有：

丁酉雨，至于甲寅，旬又八日，九月。

这说明9月自丁酉至甲寅，连续下雨18天。这是一篇有关天气情况的文献。

又如武丁时期的一条卜辞文字，大意是说：戊午这一天占卜，史官问商王在龟殳这地方去打猎，能否擒获野兽，占卜的结果是能擒获。于是这一天就去打猎，结果擒获野兽若干。这是一篇有关田猎活动的文献。

甲骨文在当时虽然不是作为书籍而制作的，但占卜者为了便于日后验证占卜结果而记录下来，表明它已经初步具备了书籍的增益知识、交流思想的性质和功能。

此外，甲骨文书不但有完整的内容和形式，而且刻辞的排列也很有规律。其章法布置毫无做作气，错落自然，浑然一体，变化无穷，一片天机，都体现了殷商时期高度的艺术技巧和艺术匠心。如果说它是我国最早的图书艺术，所言绝不为过。

在殷商时期，已经建有国家图书档案馆，当时叫做"龟室"，负责文献管理的史官叫做"贞人"。因此可以说，以甲骨为载体的古老文字形式，就是书籍的源头。

知识点滴

甲骨文刻在龟甲和兽骨上，大都经过先写后刻的过程。从书法角度看，甲骨文大体分两类：一类笔画粗壮雄浑；一类笔画细瘦挺拔。

甲骨文均衡、对称、稳定、自然。尽管骨甲的大小、形状各不相同，但每片文字都因材而异，布局合理，显露出古朴的情趣。尤其宝贵的是，遗址中发现的殷人用墨写在玉片、陶片、兽骨上的笔迹，起笔粗圆，形似点漆，自然藏锋；转折圆润，住笔尖细，如横针、悬针。这些都给后世书法的变革提供了许多有益的启示。

西周时期金文与青铜书

　　殷商晚期，生产力得到了一定的发展，人们逐渐掌握了冶炼铸造等技术，于是，产生了黄金、铁、锡、铜等金属器物，其中以青铜器最为著名。青铜器不但是当时珍贵的器皿，而且还被用来记载文字，流传后世。因此，青铜器也是古代最重要的历史典籍之一。

　　青铜器的种类很多，按其底部形状可分为圆底、平底、觚形底，底部用三四足支撑。这些器皿都由两部分构成，由圆

形、方形或长方形配上造型的柄、足、盖等。以其用途来分，可分为彝器、乐器、兵器、度量衡、镜、钱币、印章等。文字常刻铸于这些器物之上，被称为"金文"，也叫"钟鼎文"，统称为"铭文"。

铭文有的通过铸造，有的则是雕刻而成。商代和西周时期的铭文一般是铸于器皿上，较晚的铭文也有雕刻而成的。铭文不断演变成各种形体，通称"钟鼎文字"，在汉字书体上叫做"籀文"、"古文"或"大篆"。

铜器铭文字数多寡不一，多者可达三四百个。一般来讲，商代铭文简单，西周时期铭文繁多，而至春秋战国时期又趋于简单，至秦汉时期则很少发现载长篇铭文的青铜器了。

周王朝初年所用的金文从笔画到结构都跟殷商甲骨文非常相似。

周昭王以后，西周金文日渐成熟。代表作有周昭王时的《宗周钟》、周恭王时的《墙盘》等。此时金文书法的主要特点是：

笔画由蝌蚪尾巴形状渐变圆润，起笔、转换、收笔也多为圆笔；结体比周初金文更平正、更紧密、更稳定，也更有规律。章法方面开始注意到纵横的字距和行距，带界格的铭文章法更为严整，而字距、行距较大的则显得十分疏朗开阔。

目前所见铭文最长者要属西周晚期周宣王时期的《毛公鼎》，载字497个，它的篇幅相当于《尚书》一篇，被誉为"抵得一篇尚书"。

毛公鼎是西周晚期周王室嫡裔毛公所铸青铜器，清代道光末年出土于陕西岐山，即现在的宝鸡市岐山县。圆形，两个立耳，深腹外鼓，三蹄足，口沿饰环带状的重环纹，造型端庄稳重。

鼎内铭文记载了毛公衷心向周宣王为国献策之事。其书法乃成熟的西周时期金文风格，奇逸飞动，气象浑穆，笔意圆劲茂隽，结体方长。

在所有青铜器中，彝器的铭文最多。彝器又称"礼器"，它的盛名与当时社会的礼乐制度休戚相关。礼器用来祭天拜祖、宴请宾客、赏赐功臣、记功颂德、死后随葬。在青铜礼器中，鼎最为重要。它不仅是一种祭祀器具，而且是江山社稷的象征。

当时的治国者凡遇重大事情，必铸造铜器一件，并把那桩盛事记于青铜器上，其目的是长久保存。据《礼记·祭统》记载：

> 夫鼎有铭，铭者自名也。自名，以称扬其先祖之美，而明著之后世者也。

周代的铭文脱胎于甲骨文，但字体较甲骨文定型，而且逐渐走向规范。铭文可以灵活自如地表达思想、描绘事物，其笔画形状也发生了变化，线条不似甲骨文的瘦硬，尽是直笔，出现了圆笔，字体匀称，大小整齐划一，标志着一字一音的符号性质取代一形多义的图画性质的汉字新时代的到来。

从青铜考古实物来看，铭文的内容极为丰富，涉及当时战争、盟约、条例、任命、赏赐、典礼、奴隶等社会生活的方方面面。

比如，西周初年的一件礼器，内底有铭文4行32字，是记载周初周武王伐商的唯一记录。再如，西周中期铜器《盠方尊》

铭文，记载周懿王命盝不但要统帅护卫王室的"西六师"，而且还要兼管镇抚东夷和统治东方的"殷八师"或称"周王八师"。这些记录与禹鼎、大克鼎、勿目壶相同。

又如，前面说到的毛公鼎，其铭文共5段，每段都以"王若曰"3个字开头，应是史官的记录，以垂不朽。

青铜器上的花纹、浮雕、半浮雕等各种装饰，具备了那个特有的历史面貌和时代风格。因此，这些饰纹同样是青铜书的重要组成部分。

青铜器的艺术装饰大多采用动物的形象，自然界中的动物，其中有许多与人类的生产、生活关系极为密切，如：鱼、蛙、龟、蚕、羊、牛、象、鸟等。在各种动物纹样中，最具特色的是兽面纹，流行于商代及西周早期。

兽面纹所表现的动物其重要特点是：眼睛巨大，凝视，大嘴咧开，口中有獠牙或锯齿形牙，额上有一对立耳或大犄角，并有一对锋利爪子。这种形象以表现动物的头部特征为主。这类饰纹被后来宋代学者称为饕餮纹。

据古代神话传说，饕餮是神人缙云氏的一个"不才子"。它非常贪吃人类，吃到把人塞在口中，但无法咽下去，终于害了自己，变成了有头无躯的怪物。古代儒生认为，西周鼎中有这种饰纹，其目的是让人们知道因果报应的道理。

在各种饰纹中，龙和凤常出现在青铜器的表面。龙的古老神话传说和"大禹治水"的故事有较密切的关系。禹是当时的半人半神的治水英雄，这种虚构的龙的传说，乃是古人对克服水灾的幻想的形象化。

在远古时代，治水是农业生产的一大问题，而当时人们屈服于自然的压力，只能借助想象的神物来制服洪水。后来，龙被当做水神来崇拜，象征水。《考工记·画缋之事》谈到衣上的绘画时说："水以龙。"龙的传说影响深远，至今不衰。

凤在青铜器中的表现为华丽的鸷鸟，也是虚构之物，商代人认为玄鸟是自己的始祖，所谓"天命玄鸟，降而生商"，这充分表明了商代以玄鸟为图腾，而玄鸟就是凤。凤鸟又是风神，农作物的生长

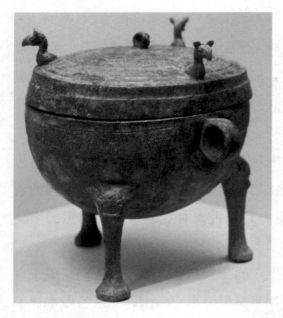

与风有关，所以对风的崇拜就是对风这一自然力的崇拜。

青铜器上的纹物除以上述及外，还有几何纹、有关人物活动的饰纹，如有关宴乐、舞蹈、狩猎、攻战、采桑等。人物画像反映了当时贵族社会的生活，开了后来秦汉时期画像石和画像砖的先河。

总之，青铜器的铭文记载了许多古代文献，而青铜器上的饰纹也反映了当时的许多信息。由于铭文和饰纹在我国古籍历史上占有重要地位，影响深远，故被后人称之为"青铜器的书"。

知识点滴

夏王朝初年，夏王大禹划分天下为九州，令九州州牧贡献青铜，铸造九鼎，将全国九州的名山大川、奇异之物镌刻于九鼎之身，以一鼎象征一州，并将九鼎集中于夏王朝都城。反映了全国的统一和王权的高度集中，显示夏王已成为天下之共主，是顺应"天命"的。

商代时对鼎曾有严格的规定：士用一鼎或三鼎，大夫用五鼎，而天子才能用九鼎，祭祀天地祖先时行九鼎大礼。因此，"鼎"很自然地就成为了国家拥有政权的象征，进而成为国家传世宝器。

先秦时期石鼓文与石刻书

除了用甲骨书和青铜书外，古人又有了新的发现，这就是在石头上刻字。

石头乃天然之物，来源甚广，又大又重，难于毁弃，刻写面积大，易于模拓，因此它是一种理想的廉价的书写材料。于是，人们把石头也当做书写材料，甚至将整篇作品或整部著作刻于石上，供人阅读和拓印。刻在石头上的文字作品，被称为"石刻书"。

以石为书跨越了漫长

的岁月，其中大致包括：石鼓文、碑刻、摩崖文字、石刻经文、玉刻，以及由刻石兴起而出现的拓印技术。

石鼓文，也称"猎碣"或"雍邑刻石"，是我国现存最早的石刻文字。石鼓文是在唐代初期发现的，共10枚，分别刻有大篆四言诗一首，共10首，共计718个字。

石鼓文无具体年月，它的内容最早被认为是记叙西周时期第十一代君主周宣王出猎的场面；也有人认为它作于秦惠文王之后，秦始皇之前；还有人认为它是汉代或者魏晋时期的作品。其中"先秦说"被多数人认可。

唐代初期在陕西凤翔考古挖掘所得的石鼓文，被认为是战国时期秦国的石鼓。该批石鼓形状并不规则，底大而平，顶略小而圆，四周刻有文字。石鼓共10个，每个鼓记载文字自9行至15行不等，每行刻有5至7个字。

石鼓上刻有诗歌，其中有一首四言诗歌是歌颂美好的田猎宫囿：

吾车既工，吾马既同；吾车既好，吾马既宝。

诗歌字体是篆书，后人把石鼓上的这种文字称"石鼓文"。

石鼓文的字体，上承西周铭文，下启秦代小篆，具有重要的价值。横竖折笔之处，圆中寓方，转折处竖画内收而下行时逐步向下舒展。其势风骨嶙峋又楚楚风致，确有秦代那股强悍的霸主气势。然而更趋于方正丰厚，用笔起止均为藏锋，圆融浑劲，结体促长伸短，匀称适中。古茂雄秀，冠绝古今。

石鼓文是集大篆之大成，开小篆之先河，在书法史上起着承前启后的作用。石鼓文被历代书家视为习篆书的重要范本，故有"书家第一法则"之称誉。

石鼓色质灰暗坚硬，表面粗糙，凿成鼓状，谓之"碣"。而汉代以后，刻石的形状由圆柱形变成长方形，表面打光磨平，宜于刻字，称为"碑"。

古时碑长一般一米至五六米不等，通常分上、下两部分，上部刻有碑名，以龙、虎、飞鸟为饰物，下面刻写死者的姓氏、生辰，反面有子孙姓名。

为防止巨重碑沉陷土中，往往另制一块长方形或方形的平面石版，依照石碑的宽度和厚度，刻成一个凹入的槽，将碑石嵌入槽中，来增加碑底面积，使石碑不易下沉。铺在底下的石版称"碑座"。

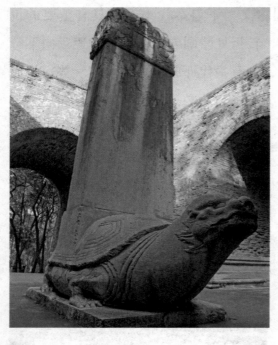

唐代大碑或御碑，碑座都刻成一个巨大的赑屃。在赑屃上凿一个槽，将碑身立植于槽中。赑屃又名霸下，是龙王九子之一，因他力大无比，喜欢负重，后人根据这个神话，用其作为碑座。

石碑用来记载历史大事，或纪念逝去的人物，以留传后世。通常竖在纪念地前、建筑物的庭院内，或立于坟前。石版立于地上为"碑"，置入墓内为"墓志"。

除碣、碑石刻之外，也有刻字于崖壁之上的，称为"摩崖"。大凡名胜古迹，常有古代名人志士的诗文及游客游兴即发之作，题刻于崖壁之上。现有记录的较早的摩崖文字，是夏禹的《岣嵝铭》和西汉初的《赵王群臣上寿》。

《岣嵝铭》又称《禹碑》、《岣嵝碑》、《禹王碑》。原在湖南省衡山县，现置绍兴禹庙。相传为大禹治水时所立，因史料记载母碑位于衡阳岣嵝，又名"岣嵝碑"。

碑文分9行共77个字，文字如蝌蚪，既不同于甲骨和钟鼎文，也不同于籀文，文字奇诡，文字有走样甚至出现笔误，但确是有所根据，并非向壁虚造，为春秋战国时期刻石。而碑文的具体内容一直被古文字学家争议考证了几百年。有学者认为这是大禹治水的记功碑，但也有学者通过研究认为，这是后世之人的一篇登高祭山之辞。

《赵王群臣上寿》也称"赵王摩崖刻石"。清代道光年间杨兆璜发现于河北永年县西南的猪山，失藏。此石为汉代赵王遂的属下为他献寿的刻石。

此刻石为汉代作品，因为它是现存发现汉代篆中最早者。用笔圆而转折方，与秦汉时期古隶相融洽，书法古拙自然，仪态朴茂雄深。由此可窥篆隶间嬗变的端倪。

此外，还有陕西褒城县褒谷中的《鄐君开通褒斜道摩崖刻石》。褒斜道是秦蜀要道，在褒城东褒水上。西岸山崖，拔地而起，没有道路。秦汉时期在山上修建阁道，即栈道，以通行人。阁道容易损坏，容易发生危险，故常要修葺。

东汉明帝时，汉中郡太守鄐君奉命诏书修治阁道，就在崖壁中刻了这一篇记录。从此以后，历次修路，都有摩崖记录，如《石门颂》、《西狭颂》等。

5世纪起，许多佛教圣地兴起开凿佛像石窟的风气，有山西云冈

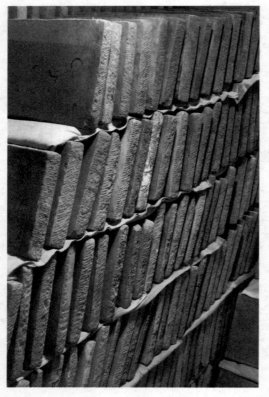

石窟、河南龙门石窟，及甘肃敦煌石窟，都刻有许多佛教塑像。其中塑像最大，刻文最长的是龙门石窟。在该窟现存的2000多件施主的题名中，约有半数刻于7世纪之前。

龙门山上有大块摩崖10多处，其中最著名的是唐代书法家褚遂良写的《伊阙佛龛碑》，这是唐代刻石的名品，此外有《心经》、《涅槃经》，都是初唐时刻写的精美小楷。

泰山上也有历代摩崖文字，最著名的有两处：一处是经石峪的佛经，北齐时所刻；一处是唐玄宗李隆基亲笔写的《纪泰山铭》，这两处都是大字深刻，气象雄伟。

经文世代相传，全靠手工抄写，加上各家经师注释各异，难免混淆不清。东汉时期，文学家蔡邕于是奏求正定"六经"文字，得到了汉灵帝的赞许。

蔡邕用丹笔把经文亲自书于石碑，由石匠陈兴等镌刻，共刻了"六经"，即《易经》、《书经》、《诗经》、《仪礼》、《春秋·公羊传》和《论语》。这就是著名的《汉石经》，因刻石起于熹平年间，故世称《熹平石经》.

《熹平石经》共有46通石碑。现存残碑每面36至40行，每行为70

至74字，字里行间无空格，段与段之间用点或空格分开，仅有极少数段落另起一行。石刻完成后，立于洛阳太学门前。

东汉时期石经的刻写，是学术史上一件空前的壮举。自2世纪至18世纪，石刻经书历久不衰。其中最有影响的石刻有《魏石经》及《开成石经》。

《魏石经》于240年至248年，三国时期魏明帝正始年间着手刻制。由嵇康等人主持，重刻两部半石经，即《尚书》、《春秋》和《左氏传》，其中《左氏传》没有刻完，碑文用古文、篆文、隶书3种不同字体完成。

《魏石经》与《熹平石经》不同之处，在于《魏石经》的每一个字都用3种字体书写，所以又叫《三体石经》，也称《三字石经》，因此历史上把与《魏石经》相对的汉石经称为《一字石经》。

《魏石经》的出现，明确了古文、篆文、隶书三者的关系，对后世经学与文字学研究提供了珍贵的历史文献。

《魏石经》于241年刊立，分载于35通石碑，每碑约4000字，总字数约14.7万字。它立于《熹平石经》西面，太学讲堂之东，成"L"形，排列长度约70米。

837年，《魏石经》上又增刻了12种儒家经典，这就是《开成石经》。这些石碑都由唐文宗的宰相郑覃以当时流行的楷书写刻。《开成石经》在学术界有一定的影响，后来用木版雕刻儒家经籍，就以它作为底本。

儒家刻石，主要用以弘扬其学术思想，同时对其他学术的传播也产生很大影响。后来出现的佛家刻石和道家刻石，它们虽然较儒家刻石稍晚，但在数量与规模上，更显宏伟。

道家经典的刻石较儒家为晚，以《道德经》为多。唐代以来，《道德经》的石刻至少有8次，最早的于708年刻制，立于河北易州。随后的道家刻石有：739年立于河北邢台的《道德经》幢，880年立于江苏焦山的《道德经》幢。

古代玉刻也是古籍的形式之一。在古代，玉也是一种书写材料，书写的玉简长方形的称"圭"，刀形称"笏"。上等美玉为皇帝专用，次等供臣使用。

玉在当时十分珍贵，深受达官贵人青睐，现知最早的有刻文的古玉，出自河南安阳殷墟。其中有一玉符，刻有3字，可能是商代官员的通行证；另一件小玉饰，刻有11字，分两行书写，是商王赏赐给臣子雖的。还有玉鱼一条，朱文书写，用以辟邪。

玉简在古代用作封禅王位、祭祀书写、盟书材料。据说汉高祖封禅所用玉简上刻有170个隶体字。

盟书是古代天子与诸侯之间、诸侯相互之间及诸侯与士大夫之间为政治利益相互约束，向神盟誓时写在石上的载辞。盟书又称"载书"。

在古代每遇大事，必举行集合，订立公约，对天立誓。盟誓时，先写载辞，杀牲畜，立盟之后，盟辞一式两份，一份要保持在专门管理盟誓活动的机构盟府内；另一份埋入地下。春秋后期，奴隶制度动摇，战事连绵，天子说话失灵，诸侯活动频繁，盟誓之风大盛。

1965年，在山西候马晋国都城遗址陆续出土玉简一批，共数百件。载文最多的为220字左右。据考证，此为春秋时期盟誓活动的"盟书"，被称为"候马盟书"。

这是一种特殊的文字记载，它为研究春秋后期奴隶社会向封建社会过渡的阶级斗争，以及了解古代盟誓制度和书法艺术等提供了重要的实物资料。

由于刻石的兴起,才出现了拓印技术。石面上所刻的字,都是正面凹入,可先将一张薄纸用矾及白芨水浸泡,贴在刻石的表面;以软刷将纸刷匀,再轻轻捶打,将纸嵌入铭文的笔画之内,待纸干后,以细布包裹棉花做成的拓包,蘸以墨汁,将它在纸上均匀捶拓,将纸剥下来,便得到了相同的复本。这一操作过程就叫"拓"。

用墨汁者称"墨拓",用红颜料者称"朱拓"。单张叫"拓片",装连起来叫"拓本"。

据《隋书·经籍志》的记叙,隋代皇家藏书楼拓石文字,以"卷"为单位,包括秦始皇东巡会稽的石刻一卷,《熹平石经》残文34卷,《魏三体石经》117卷,并述及梁室所藏石刻文字,在隋时已散佚。表明拓本在隋以前便已经出现了。

一般认为,拓印广泛使用当在南北朝时期,从《旧唐书·职官志》、《新唐书·百官志》的记载中可以得知,唐代宫廷中还有专司拓印的"搨书手",如718年,唐代集贤书院就有搨书手6人。

现存最早的拓片,一般认为是敦煌发现的唐太宗手写刻石《温泉铭》,是654年所拓。敦煌石窟内还有9世纪的拓本《金刚经》,还有欧阳询的《化度寺碑》等。

拓本成为一种图书类型，后期的主要作用已不再是传播知识，而是书法艺术借以流传的一种特殊类型的图书，书法爱好者可从拓本中掌握古代著名书法家的技法和艺术。

总之，从先秦开始，上述这些不同形式的石书，经后世不断发展，更加完善，在古籍发展史上占有重要地位，并产生了深远影响。

龙门石窟位于洛阳市南郊伊河两岸的龙门山与香山上。开凿于北魏孝文帝年间，之后历经东魏、西魏、北齐、隋、唐、五代、宋等朝代连续大规模营造达400余年之久，存有窟龛2345个，造像10万余尊，碑刻题记2800余品。

龙门石窟延续的时间长，而且跨越朝代多，以大量实物形象和文字资料从不同侧面反映了古代政治、经济、宗教、文化等许多领域的发展变化，对我国石窟艺术的创新与发展作出了重大贡献。

知识点滴

汉代以前的简牍与简牍书

先秦记录文字的材料从甲骨、青铜到石头，不断更替变化，后来又出现了简牍。其实，在纸发明以前，古代书籍的最主要形式则是简牍。

简牍，是对古代遗存下来的写有文字的竹简与木牍的统称。用竹片写的书叫做"简策"，而用木版写的书叫做"版牍"。

《仪礼·聘礼》说：

百名以上书于策，不及百名书于方。

意思是说，超过100字的长文，就写在简策上，不到100字的短文，便写在木版上。

据考古实物发现及古书记载，写在木版上的文字大多数是有关官方文

书、户籍、告示、信札、遣册及图画。由于文字内容有异，其称谓有别。

如军事的文书叫"檄"。用于告示者称之"榜"。将信写于木版，然后再加一版叫做"检"。在检上写寄信人和收信人的姓名，地址叫做"署"，这是信封的起源。

然后将两版合好捆扎，在打结的地方涂上黏土，盖上阴文印章，在黏土上出现凸起的字，这就是"封"，使用的黏土叫"封泥"。由于写信的木版，通常只有一尺长，故信函又叫"尺牍"。

笺是古代一种短小的简牍，是供读书者随时注释的，它系在相应的简以备参考之用。现在人们所说的笺注就是起源于此。

简牍因制形不同，用途不同，称呼甚多，但从策、简、籍、簿、笺、札、检、椠等从竹、木字形上，都反映出简牍的制成材料。

竹简在西北出土较少，也许是因为西北天气干旱，不适宜竹子生长。而南方气温湿润，竹材丰实，因此竹简的出土主要在南方，如1999年在长沙走马楼出土的三国吴简，多达10万枚。

版牍多用松木。《太平御览》卷606扬雄《答刘歆书》写道："铅摘松椠。"松椠就是松木制成的木牍。其次还有青扦、毛白杨、水柳和柽柳。这些木类，色白质轻，易于吸墨，可随地取材，自然被广泛用作书写材料。

竹木要进行加工，才能进行书写。首先片解竹、木成条状，然后进行刮削，使其平整划一，棱角分明，书写的一面要求光滑、平整。

后来东汉时期思想家王充在其《论衡》一书中对竹木制作方法已有描述：

竹生于山，木长于林，截竹为简，破以为牍，加笔墨之迹，乃成文字。

断木为椠，析之为版，力加刮削，乃成奏牍。

竹简较木牍的加工要繁琐，因竹有节，内空，简条的宽度受竹简粗细的限制。用于书写，必须经过杀青阶段，杀青就是去青皮，用火烘烤，高温处理可防虫蛀，写字不渗晕。

由于在烘烤中，竹面会有水珠浸出，故谓"汗青"，又称"杀青"。由于竹简杀青之后，才能正式书写，故后世多称书籍定稿为"杀青"。

简牍在经过以上刮削、磨平、杀青后，就可以正式书写了。用于简牍的书写工具有笔、墨、刀、削。刀、削既是整治竹木简牍的工具也是书写的工具。

书写简牍时，刀与笔的关系很密切，所以战国、秦汉时期，刀与笔常常连用，并且以此形容朝廷中掌管文书的官吏。《史记·萧相国世家》说："萧相国何，于秦时为刀笔史。"

简牍上的文字一般用笔墨书写，刀的主要用途是修改错误的文字，并非用于刻字。对写错文字的修改方法，主要是削改，即用刀削去表面一层错误之处而再写。

简牍文字的字体，也有多种。先秦时期简牍，多用古文、篆文。秦始皇统一天下后，通行隶书，字体变圆为方，于是公文、信函多用隶书。如湖北云梦出土的秦简，均以隶书书写。汉代沿用隶书，汉简上的字体也多为隶书。

简是古代书籍的基本单位，相当于现在的一页。简牍上书写的行数与字数，各有不同。通常只书写一行在简牍的正面，有时也有两行或正反两面都书写。

在敦煌发现的简牍中，有汉元帝时黄门令史游所作《急就章》一书，每简书写一章，共63字。它们是棱柱形木简，三面有字，每面一行21字。另一简有两行字，一行32字，一行31字。长沙出土的竹简，每简长度大致相同，每简有两字至20字不等。

就出土的实物考察，简牍年代起于战国时期，下迄魏晋，简牍作为这一时期的书写材料，反映了这一时期社会政治、经济、军事、文化等方面的情况。包括私人信件、公事往来、文书、历谱及送葬的遣策、通行证、契约文书、名籍、账册、诏书等。

简牍中记载的许多古代书籍，对于校勘、考订提供了最好校本，还能补缺一些早已遗失的古代书籍，丰富文化宝藏，是我国古代的珍贵遗产。

比如甘肃武威磨咀子汉墓中出土的简牍经书；山东临沂银雀山汉墓出土的竹简兵书《六韬》、《尉缭子》、《孙子兵法》、《孙膑兵法》，以及《管子》、《晏子春秋》、《墨子》；甘肃省武威汉墓出土的简牍医书等。

简牍的编连是古籍加工技术，有的先编后写，有的先写后编。甘肃武威磨咀子出土的《仪礼》，凡编绳所过之处都空格不写，更为明显的是乙本《仪礼》第三十四简，在简未穿绳地方，还余一个字，为了避开编绳，就在穿绳之下补了一个"为"字。这说明这些简牍是先编后写的。敦煌出土的《永元兵物册》上面的字有些被编绳盖住，是

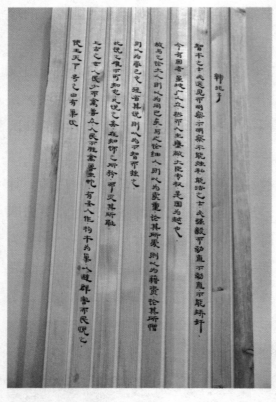

先写后编的。

编连工作开始，先把一枚一枚的简牍收齐，然后根据内容，决定编多少枚简，再根据简牍的长短，决定编几道编绳，编绳一般一至多道不等。编连的材料主要是丝绦、麻绳及皮条。

《史记·孔子世家》记载，孔子晚年读《易》、"韦编三绝"。韦编三绝是指孔子学习用功很勤，编连的绳子都被他翻断三次，至于用"学富五车"来形容孔子学识渊博，这确实并不夸张。

把简牍按册、按篇编连以后，还得加上简牍的顺序编号。例如，甘肃武威出土的《仪礼》简，每支简下面都有编号。编号就相当于现在一本书的页码。

编连好的简牍被捆成一捆或折成页形，每册简相对，如现今的书籍的册页形式。捆扎的方式以横捆居多，其次是竖捆，十字形捆扎。

简牍文件的封存，以一名为"封面"的木片捆扎于文件之上，以封泥敷于书绳，再施以封印，然后发送。受文者的名字及文件内容摘要，通常写在封面上。封面上封印之处，则刻一方形凹沟，贮以封泥，名为"印齿"。

封面只能用于一个单独的文件，数种文件同时发送，则封以布质或丝质的书。各种颜色的书囊表示不同的发送方式，红色与白色是急件，绿色是诰谕，黑色是普通文件。书囊多为方形、无缝，文件从中央开口处放入。袋的两端折转，盖在中央封口上，捆上书绳，敷上封泥，再盖上印章。

一枚简牍称为"简"，通常写一行直书文字。字数较多的则写在数简上，编连在一起了才称之为"册"。长篇文字内容成为一个单位的叫做"篇"。

"册"表示一种文件较小的形体单位，"篇"则表示较长的内容单位，一"篇"可能含有数"册"。此外，一篇或数篇可为一卷。

从简牍开始，古代的书籍开始具有了一定的形制，这对我国书籍文化产生了极为重要和深远的影响。如：后世书籍一直沿袭的自右至左、自上而下的文字书写顺序；现今仍使用的一些书籍单位、称谓、术语等，以及版面上的"行格"形式，都可远溯至此。

1972年11月，甘肃省武威县杉树乡下五畦村在兴修水利时挖掘出一座汉墓，发现简牍92枚，其中木牍均为杉木、杨木，墨书，这是一批医书。医书简，大多在简首标明医方名称，下书药味、药量、治疗和用药方法。如针灸、注针灸穴位、针刺深度、留针时间，以及针灸后服药禁忌等。

此次简牍上记载有30个完整医方，分属针灸科、内科、外科、五官科、妇科。这些医简，为我们了解汉代医学发展水平，医药状况，辑佚古医书，都提供重要材料。

知识点滴

先秦时期至汉代的缣帛书

　　缣帛书是简策装书以后的一种用丝织品做材料写成的书。《墨子》中提到"书于竹帛"，就是指在用竹简的同时又有用缣帛写书的。

缣帛使用同样跨越了漫长的岁月。从春秋战国至汉代，缣帛书与简书并存并一道发展，共同构成我国古代独具特色的简帛文化。

竹简虽然廉价，制作方便，但这种笨重的书籍携带不便，而且每简容字有限，编简成册的长篇著作一旦散乱，则发生"错简"。再说简牍的编连所用的丝带、麻绳、皮带易被磨断，使阅读带来困难。而用缣帛做书写材料则弥补了简牍的不足。

缣帛是丝织物，材质轻软平滑，面幅宽阔，易于着墨，面幅的长短宽窄可以根据文字的多寡来剪裁。而且可随意折叠或卷起，收藏容易，携带方便。

我国是世界上最早养蚕与制作丝织品的国家。在商代遗址中，发现过黏附在青铜器上的精美的丝织物遗迹，这说明当时已有较为先进的织丝技术。至春秋战国时期，丝织技术有了更高的发展，丝织物比较普遍。

现存最早的帛书，1942年9月发现于湖南长沙子弹库楚墓，是春秋战国时期唯一的完整帛书。根据出土的帛书残片分析，可能原有帛书4件。其中完整的一件图文并茂，中间部分有两组方向相反的文字，一组13行，一组8行。四周有图像及简短的注文。整个帛书共900多字，内圆外方，修饰紧密。

此外，子弹库帛书上绘彩色图像及类似金文说明文字，四周绘12个神像，象征12个月。这被认为古代图书插图中较早遗存，对后世的影响是不言而喻的。

考古工作者还曾经在湖北江陵战国时期墓中发现了大量丝织物，有绢、纱、罗、锦等。其织造质量、图案设计和品种之多，锦上图案保存之完好，令人惊叹。

由此说明，古人至少在春秋时期就已经在缣帛上着文字了，凡有纪念意义和重大事情，多书于帛，而价廉易得的简则用于普通的书写材料。

缣帛书的形态，一般是一篇文章为一段，每段叠成一叠或卷成一束，称作"一卷"。如今的图书中所谓的"卷"，就来源于此。后来发展为在缣帛的下端或左端裹上一根木轴，作为支撑，既挺括又易查找。缣帛书实际上是卷轴装的前身，也是卷轴装的一种。

从已出土的缣帛实物分析，缣帛图书的内容大致分为：信件、绘画、书籍3种。

我国出土的帛画较多。如长沙的战国时期楚墓中出土的一件帛画，画有炎帝、祝融、帝俊等名人，都是古代传说中的重要人物，或是黄帝的亲属或后裔。文字四周有神秘图像，有树木、鸟兽及奇形怪状的人物。四季名称用青、朱、黑、白四色绘制。画四周有12种像，代表12个月，每像下注明神名、职司及该月宜忌。

长沙另一楚墓还发现一幅人物帛画，原贮于一漆棺中，与其他陶俑放在一起。帛上画一侧面细腰妇人，呈土褐色。妇人向左而立，长衣曳地，头后有髻，发上有冠。图中妇女合掌祈祷状，头顶上有一鸟及一异兽。据说鸟代表凤，兽是夔。凤是生命、婚姻、幸福的象征，而夔则代表死亡、饥饿、邪恶，凤夔象征着生命与死亡的斗争。

另有一幅人物御龙帛画，细绢质地，金白粉绘。画中有一男子，手持缰绳，驾驭一条巨龙。龙尾上站着一鹤，昂首仰天，画的下角有一条鲤鱼。这幅帛画反映了战国时期盛行的神仙思想，是迄今发现用白描粉彩画法的一件最早作品。

缣帛作书写材料，价格昂贵，所以它的使用当限于达官贵人。由于缣帛用于书写并不普遍，故在古代帛书实物发掘中，缣帛载有的文字不是很多。

就楚墓帛书的书法艺术而言，其排行大体整齐，间距基本相同，在力求规范整齐之中又现自然恣放之色。其字体扁平而稳定，均衡而对称，端正而严肃，介于篆隶之间，其笔法圆润流畅，直有波折，曲有挑势，于粗细变化之中显其秀美，在点画顿挫中展其清韵，充分展示作者将文字艺术化的刻意追求。

至西汉初期，精美的丝织物已畅销全国，供人们制作衣服、帘帷、篷帐等。东汉时期，缣帛已广泛用于书写。《隋书·经籍志》就记载有："董卓之乱，献帝西迁，图书缣帛，军人皆取为帷囊。"军人将大的缣帛用作帐篷，小块的用作提囊。可见，东汉时帛书数量之多。

长沙马王堆汉墓中出土的各种颜色的丝织品中，有绢、罗、纱、锦、绣、绮等，而最珍贵的是覆盖在棺上的一件彩色帛画。该画用朱砂、石青、石绿等矿物颜料绘成，色彩绚烂。画面大致分上、中、下3部分，表示天上、人间、地下的景物，其内容及技术，较战国帛画更为复杂多姿，但无文字。

长沙马王堆汉墓中发现的10多种帛书，共20余万字，黑墨书写，字体为小篆和隶书，是公元前2世纪或更早时期的作品。

这些帛书包括《老子》抄本两部，《老子甲本》为汉高祖时的抄本，《老子乙本》为汉惠帝时的抄本。每部分上下篇，次序恰与传世的本子相反。今本《道经》在前，《德经》在后，故《老子》又名《道德经》；而新发现的帛书则《德经》在前，《道经》在后。

另有《战国策》一部，约1.2万字，大部分内容是今本没有涉及的。还有《周易》，也比今本多4000多字，而且六十四卦与今本不同。帛书中有整部佚书，被定名为《战国纵横家书》28篇，是记载战国时期苏秦、苏代等人的言行，约1.1万字，大都不见于今本《战国策》和《史记》，为校证有关苏秦史料，提供了大量新的历史资料。

有关科学方面的《五星占》，用整幅丝帛抄写而成，约有8000字，前半部为《五星占》占文，后半部为五星行度表，根据观测到的景象，用列表的形式记录了从公元前246年至公元前177年70年间木星、土星、金星的位置，以及这3颗行星在一个会合周期的动态。它反映汉代天文学已达到的水平。

此外，山东临沂的金雀山西汉初期墓中，也发现帛画一幅。全部的背景在天空、日月之下，帷幕

之中，墓主及亲朋、仆从的歌舞，生产，游戏等生活情景。画中人物的衣着与长沙帛画相似，反映了楚国遗风，说明战国末期至西汉初期山东南部受楚国文化的影响。

　　古人把字写在缣帛上，一块就是一本书，比过去的简牍书拿起来轻便。这对后来造纸术的发明具有极大的启示意义，纸发明以后，字就写在纸上，陆续就发展成现在纸做的书。由此可见，缣帛书在我国古籍发展过程中起承上启下的作用。

知识点滴

　　古代用作写字材料的缣帛是丝织物，而养蚕织丝技术，传说是在公元前3000年由嫘祖发明的。嫘祖是传说中的北方部落首领黄帝轩辕氏的元妃。她在为人们做衣冠寻找原材料时，发现桑树林里有一种虫子口吐细丝，受到启发，在她的倡导下，古代人开始了栽桑养蚕的历史。后世人为了纪念嫘祖这一功绩，就将她尊称为"先蚕娘娘"。

　　嫘祖文化是中华传统文化的宝贵遗产和精华，是世界丝绸文化的宝贵财富，也是东方女性文化的光辉典范。

版印纸书

  秦汉和隋唐时期是封建社会发展的两个高峰，也都是统一的大时代。由于其间造纸技术的改进，使得这段历史异常活跃的思想文化有了理想载体，因而造就了我国古籍发展的历史性转变。

  汉代造纸技术的不断改进，尤其是"蔡侯纸"的发明，对我国书籍发展的影响是划时代的。而隋唐时期雕版印刷术的发明，不仅加速了知识和信息的传播，也在很大程度上影响了书籍的装帧形式，促使书籍不断地变换着自身的模样，或卷，或折，就这样一路发展而来。

西汉时期造纸术与纸质书

　　汉字的物质载体经历了先秦时期的甲骨、青铜、石刻、简牍、缣帛后，至汉代发生了根本性的改变。由于汉代发明了纸，使古籍开始朝着适应纸质的技术方面发展。

　　纸的发明，在西汉时期就已经有了。西汉时期的纸，有来源于动物的丝绵纸和来源于植物的纤维纸两种。西汉时期的丝绵纸有一个有力的例证，在西汉成帝刘骜执政时，赵飞燕姐妹两人都被召入了后宫，得到了汉成帝的宠幸，一个当了皇后，一个当了昭仪。

当时宫中有个女官叫曹伟能，生了一个孩子。赵昭仪知道了，就派人把曹伟能的孩子扔掉了，并把她监禁了起来，还给她一个绿色的小匣子，里面是用"赫蹄"包着的两粒毒药。"赫蹄"上还写着："告伟能：努力饮此药……女自知之！"

意思是说，伟能，你努力吃下这药丸……你自己心里明白。就这样，伟能被逼服毒而死。

这张包着药还写上字的"赫蹄"，东汉时期学者应劭解释说，它是一种用丝绵做成的薄纸。丝绵源于蚕茧。我国养蚕历史悠久，至西汉时期，已经能用蚕茧做原料制作丝绵了。

制作丝绵的方法是把蚕茧煮过以后，放在竹席子上，再把竹席子浸在河水里，将丝绵冲洗打烂。丝绵做成以后，从席子上拿下来，席子上常常还残留着一层丝绵。

等席子晒干了，这层丝绵就变成了一张张薄薄的丝绵片，剥下来就可以在上面写字了。这种薄片就是"赫蹄"，也就是丝绵纸。

植物纤维纸在西汉时期居多，当时的纸已经为考古工作者陆续发现。出土地点有甘肃天水放马滩汉墓、陕西西安灞桥汉墓、扶风中颜村汉代窖藏等，先后10批，均为麻纸。其中7处为西汉时期纸，3处为东汉时期纸。

天水放马滩汉墓是1986年发现的，当时出土的纸质地图，年代约属西汉文景时期。因墓内积水，纸已残破。纸呈黄色，质薄，表面光滑平整。纸上用墨线绘制山脉、河流和道路。此纸用于绘制地图，当然也可用于写字，说明早在西汉初年造纸技术已达到一定水平。

西安灞桥汉墓中的纸是比较典型的纤维纸。灞桥汉墓中发现了数张包裹着铜镜的暗黄色纤维状残片，考古工作者细心地把黏附在铜镜上的纸剔下来，大大小小共有80多片。后来经过化验分析，原料主要是大麻，掺有少量苎麻。在显微镜下观察，纸中纤维长度1毫米左右，绝大部分纤维做不规则的异向排列，有明显被切断、打碎的帚化纤维。这说明古纸在制造过程中经历过被切断、蒸煮、舂捣及抄造等处理。

根据这一发现，考古学家认定，这就是西汉时期麻类纤维纸，并将其命名为"灞桥纸"。它虽然质地还比较粗糙，表面也不够平滑，但无疑是最早的以植物纤维为原料的纸。

陕西扶风中颜村汉代窖藏中发现的纸，其工艺水平和制作质量相对成熟。考古工作者在现场发现一个残破的陶罐，里面有一些铜器，后通过清理，发现陶罐里装的都是些西汉时期做装饰的铜饰件，还有一些西汉时期通用的铜钱。

另外，考古工作者在清理过程中发现，有3个与一个铜饰件锈在一起的铜钱，没想到在这绣在一起的铜钱里竟有一团黄颜色的纸状物，展开后有3块。

这些纸状物是做什么用的呢？原来，铜饰件分底座和盖子两部分，而盖口并不平，将纸状物塞入其中便可使盖子平整地盖在上面。也正是由于铜饰件两部分的密封，才使得纸状物得到了很好密封，从而完好地保存了下来。

后经鉴定，这几块纸状物完全符合纸的特征，是名副其实的纸。后经过断代研究，发现出土的铜饰件都是西汉时期以前非常流行的装饰物，而西汉时期以后却使用得很少，而这些铜钱也是在西汉时期流通的。

更为重要的是，装这些东西的陶罐也是西汉时期的，如果这些文物是后人装进去的，不可能找来一个西汉时期的陶罐来装。如果确定这些文物是从西汉时期保存下来的，那么被密封在铜盖里的纸肯定也是西汉时期的纸。

通过初步判定，这些纸是西汉早期的纸。虽然这些纸与现代纸相比显得比较粗糙，但是它比灞桥纸无论从工艺水平和制作质量来看，要成熟得多，已经非常接近现代生产的纸了。后来将从扶风出土的古纸依据出土的地名，定名为"中颜纸"。

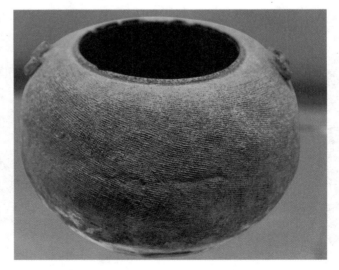

后经鉴定，这几张纸是西汉时期汉玄帝和汉平帝之间的物品。由于纸是作为衬垫物在锈死的铜饰件里面发现的，隔绝了外部环境的破坏，具备了长期保存下来的条件。

对于西汉时期的麻类植物纤维纸，后来北宋时期的官员苏易简在所著的《纸谱》中说道：

> 蜀人以麻，闽人以嫩竹，北人以桑皮，剡溪以藤，海人以苔，浙人以麦面稻秆，吴人以茧、楚人以楮为纸。

当时人工造纸，先取质量柔韧的植物类纤维，煮沸捣烂，和成黏液做成薄膜，稍干后用重物压之即成。

此外，古代还用石灰水或草木灰水为丝麻脱胶，这种技术也给造纸中为植物纤维脱胶以启示。纸张就是借助这些技术发展起来的。而造纸技术的不断完善，为古籍发展提供了更加广阔的天地。

知识点滴

据说公元25年农历十月，东汉光武帝刘秀把首都从长安迁往洛阳时，搬运书籍的车有很多，据东汉学者应劭在《风俗通义》中的记载："载素、简、纸经凡2000辆。"这里的素书，指的是帛书；简指竹木简书；纸即用纸写的书。

东汉初年从长安搬运书籍中就有纸质书，那么用纸制作书籍至晚在西汉末已经出现，说明东汉初期已经有了纸制书籍。

东汉时期蔡伦改进造纸术

　　西汉时期纸的生产数量不多，尚无法取代传统的书写材料，因此，仍大量使用简牍、缣帛。由于它们不适合老百姓用来记载文字，严重制约了文化的传播与发展。就在这时，一个重要的历史人物出现了，他就是蔡伦。

蔡伦是东汉时期桂阳郡耒阳县人。耒阳是湘江的一条支流，地肥水美，茂林修竹，是有名的鱼米之乡。蔡伦就出生在耒阳县一个普通农民家庭。

过去上学是请私学里的先生，蔡伦家里穷请不起先生，但他聪明伶俐，跟着邻居上私学的孩子认识了好多字。蔡伦很小的时候，继位不久的汉章帝刘旭常到各郡县挑选幼童入宫。公元75年，蔡伦被选入洛阳宫内为太监，当时他15岁。

在宫廷里，蔡伦人生地疏，小孩子思念父母，几次背着人哭了，可是他擦干眼泪，在人前笑嘻嘻的。因为他聪明伶俐会办事，又识文断字，很快得到汉章帝和正宫娘娘窦皇后的喜爱，窦皇后让他当了个太监小头目小黄门，后来又提拔他为黄门侍郎、中常侍。

平日里，宫内有要事向朝廷禀报，或者皇帝有要事向后宫传达，都是蔡伦的职责；要是各地诸侯王朝见皇帝或者皇后，必须经蔡伦去通报请准，皇上皇后要召见大臣或者宴请诸侯王，安排座位次序也是蔡伦的事，可以说在太监里面也是非常荣耀的事情。

蔡伦跟随在皇帝皇后身边，看到皇帝上朝要批阅很多大臣的奏章。当时的奏章都是写在简牍上。成捆的竹简都是太监用车拉来，几个人抱着抬着放到皇帝的御案前，堆成小山样的一堆，皇上每天在案几上展卷批阅，连篇累牍，十分笨重，蔡伦累得腰酸背疼的。

看皇上每日批阅大量简牍帛书，劳神费力，蔡伦就想着能制造一种更简便廉价的书写材料。在宫里枯坐也不是个办法，蔡伦决定出去走走，看看民间有什么好办法。因为东汉宫廷太监都笃信道教，蔡伦决定去道教福地升仙观去，拜拜驾鹤升仙的神仙王子晋。

这一天，蔡伦带几名小太监出了洛阳城南门，渡过洛河，走过夹河滩，又渡过伊水，到了离城约15千米的缑氏县附近的陈堡谷，也就是凤凰谷。

只见这里的河水溪流清澈，两岸树茂草丰，鸟语花香，景色十分宜人。河面上渔歌袅袅，渔人在捕鱼；河岸桑林里蚕农匆匆，正在采桑养蚕。

正要渡河，蔡伦忽见溪水中积聚了一簇枯枝，上面挂浮着一层薄薄的白色絮状物，不由眼睛一亮，蹲下身去，用树枝挑起细看。

只见这东西扯扯挂挂，犹如丝绵。蔡伦想到皇家作坊里制作丝绵，茧丝漂洗完后，总有一些残絮遗留在篾席上。篾席晾干那上面就附着一层由残絮交织而成的薄片，揭下来可以在上面写字。他眼中一亮，溪中东西和那残絮十分相似，也不知是什么东西。

蔡伦立即命小太监找来河旁蚕农询问。

蚕农说："这是涨河时冲下来的树皮、烂麻，扭一块儿了，又冲又泡，又沤又晒，就成了这烂絮！"

"这是什么树皮？"蔡伦急切地问。

"那不，岸上的构树呗！"蚕农说。

构树其实就是楮树，是一种落叶乔木，树皮纤维长而柔软，是造纸的好原料。蔡伦放眼望去，两岸构树郁郁葱葱，满眼绿色，造纸的主意灵光顿现，脸上漾起笑意。他顾不上拜神求仙，急忙命太监快马回京城找来皇家作坊中的技工，在缑氏县开始了试制纸张。

蔡伦他们找来石臼，拿来竹帘、筛网等工具，就地取材，剥下构树的树皮，用石臼捣碎，用筛网反复过滤，再捣碎制成稀浆，捞出后摊在竹帘或者密密的筛网上，摊成均匀的薄薄一层，待晾干后揭下。

蔡伦试着在纸上写字，发现纸容易破烂。于是，他又将破布、烂渔网捣碎，将制丝时遗留的残絮，掺进浆中，再制成的纸便不容易扯破了。为了加快制纸进度，蔡伦又指挥大家盖起了烘焙房，湿纸上墙烘干，不仅干得快，且纸张平整，大家心里乐开了花。

蔡伦带领着工匠一连干了数日，造出十数张比较满意的纸张，这才收拾行装回到了京城。

第一批用树皮和麻料造出"高级"东西，蔡伦给它取名叫"纸"。这种纸体轻质薄，虽然没有帛那样白，但也很洁净，而且质地很均匀，很光滑，很适合写字。

蔡伦把造出的纸张献给了汉和帝，汉和帝试用后龙颜大悦，当天就驾临造纸作坊，现场查看了造纸过程，然后命蔡伦继续研制，大规模生产。

蔡伦考虑缑氏县距离洛阳还是远了点，并且多丘陵，要大规模造纸还需改进技术，于是决定选择一处距离京都不能太远，并且更适合大规模造纸的地方。蔡伦带着工匠出洛阳城，沿着洛河一路东行。洛河从西边山里流来，在平原上一路蜿蜒。东汉的汉都城洛阳就在洛河北岸依河而建。

这一条白练般的洛河绕帝都而东，两岸绿杨碧柳，红蓼白萍，河中碧水银滩，鸭戏鱼游；白天舟楫穿梭，夜晚渔火明灭，甚有诗情画意。每到春天，城中年轻女子都到河边踏青郊游，红尘紫陌，真个一派繁华。

　　蔡伦一路东行，两岸村邑不绝，绿树蓝瓦，走到了河北岸距离洛阳约7千米的一处地方。这里北边有从洛阳城流来的阳渠，蜿蜒向东南经古老的商城、鸿陂池，最后流入了洛河，南边有古老的洛河，地域开阔。

　　同时，离这里不远的邙山上有非常多的构树，平原上有很多地方种植苎麻，原料充足；水源充足，适合造纸取水排水，阳渠和洛河都可水运，运输方便。蔡伦决定在此建立大规模的造纸作坊。

　　造纸坊很快建立起来，盖了了一批屋舍，招募了一批工匠。蔡伦不仅建设了打浆池，还改进了工艺，先把树皮捣烂，麻头、破布等东西剪碎或切断，加入生石灰，放在水里浸泡，再用大锅蒸煮，改进了纸浆的质量，打成细浆后，在方框固定的竹帘篾片上摊成平展的薄片。

　　蔡伦又指挥大家盖起了烘焙房，在房里生起炉火，把湿纸上墙，很快烘干了。不仅干得快，而且纸张平整。

　　蔡伦几经试验，终于在114年又造出一大批纸。蔡伦既兴奋又紧张，慢慢把纸撕下，高兴地大叫："这的确是张完整的纸啊！"

这种纸既白又轻，又有韧性，实在是前所未见的好东西。蔡伦又在纸上写上字看看效果，果然非常理想，兴奋地说："成功了，这张纸比原来的丝纸吸墨快，而且不容易散开，这才能算是真正的纸啊！"

古代造纸术经过了蔡伦的改进，形成了一套较为定型的造纸工艺流程，其过程大致可归纳为原料的分离、打浆、抄造和干燥4个步骤。

原料的分离，就是用沤浸或蒸煮的方法让原料在碱液中脱胶，并分散成纤维状；打浆，就是用切割和捶捣的方法切断纤维，并使纤维帚化，而成为纸浆；抄造，即把纸浆渗水制成浆液，然后用捞纸器即篾席捞浆，使纸浆在捞纸器上交织成薄片状的湿纸；干燥，即把湿纸晒干或晾干，揭下就成为纸张。

汉代以后，虽然工艺不断完善和成熟，但这4个步骤基本上没有变化，即使在现代，在湿法造纸生产中，其生产工艺与蔡伦的造纸法仍没有根本区别。

蔡伦再次把造出的一大批纸献给了皇帝和邓皇后。皇帝和邓皇后见蔡伦的纸越造越好，能厚能薄，质细有韧性，兼有简牍价廉、缣帛平滑的优点，而无竹木笨重、丝帛昂贵的缺点，真是利国利民，便高兴地封蔡伦为"龙亭侯",赐地三百户,不久又加封为"长乐太仆"。人们把这种新的书写材料称作"蔡侯纸"。

后来,汉和帝去世了,邓皇后又垂帘听政成为邓太后。由于蔡伦发明的纸张大量使用,邓太后让蔡伦主持宫廷所藏经书典籍的校订和抄写工作,形成大规模用纸高潮,当时就使纸质书籍成为传播文化的最有力工具。

东汉蔡伦总结西汉以来的造纸技术并加以改进,以树皮、麻头、破布、渔网为原料,并以沤、捣抄工艺技术造出的"蔡侯纸",是我国古代"四大发明"之一。造纸术的发明,是书籍制作材料上的伟大变革,在人类文明史上具有划时代意义。

知识点滴

相传东汉时期,蔡伦因他人之错受牵连,朝廷要抓他去京都接受审判,蔡伦不愿忍受屈辱,服毒自尽。蔡伦家族中人也受到连累,四处逃命藏匿,其中一部分人向北走出秦岭山口时将当时最先进的植物纤维造纸技术传授给北张村一带。

北张村人至今仍在沿用的就是蔡伦发明的用植物纤维为原料的造纸法。"蔡伦造纸不成张,观音老母说药方。张郎就把石灰烧,李郎抄纸成了张。"流传在北张村一带的民谣讲述了蔡伦实验造纸、攻克一道技术难关的故事。

东汉时期纸质书的流通

蔡伦改进造纸技术后，东汉时期的纸质图书流通方式获得了重大进步。纸被用于民间进行通信往来，手工传写越来越普遍，国家藏书和私人藏书得到发展，市场上出现了专门的书肆。体现了我国古籍的巨大进步。

汉代曾经普遍以简帛作为主要书写材料。自从蔡伦独创新意，使用树皮、麻头、破布和渔网加工造成新"纸"后，纸就逐渐应用于民间通信活动中。

在新纸出现的初期，纸质的书并未完全取代简牍与缣帛图书，究其原因，或是产量不够，或是人们思想观念尚未转变。随着社会经济文化的发展，人们充分认识到了纸张的优越性。

《北堂书钞》记载了东汉时期书法家崔瑗用不起缣帛，以纸抄书送给朋友，特附言致歉：

今遣奉书，钱千为赞，并送《许子》十卷，贫不及素，但以纸耳。

这封年代大约为东汉中期的书信，反映了当时纸已经成为较为普遍地应用于民间的书写材料。

蔡伦纸也为书籍通过抄写实现流通创造了良好的条件。由于用纸抄写比较容易，使得文字、书籍的传播更加广泛。

《晋书·文苑·左思传》："于是豪贵之家竞相传写，洛阳为之纸贵。"这个"洛阳纸贵"的典故中说到的"传写"，就是汉代书籍流通的另一种重要方式。

造纸技术也促使了东汉时期图书收藏的兴盛。事实上，两汉王朝都比较注重知识，早在西汉初年，经过秦末战火，图书文献损失极为严重，"明堂石室，金匮玉版，图籍散乱"。汉高祖刘邦统一国家后，开始文治建设，曾3次征集和整编图书。

一是在汉代初期，汉高祖令萧何收集秦都秘籍；二是在汉武帝时，广开献书之路，除宫廷收藏以外，在宫廷之外建立了不少保管图书典籍的机构，如石渠阁、麒麟阁等。同时私人收藏也有了很大的进步；三是在汉成帝时的献书活动。

经过西汉官府这三次大规模的征书活动，使汉代图书收藏达到了一定的高度。"百年之间，书积如丘山"，"天下遗文古事，靡不毕集"，先后收藏于长安的文献达13500余篇。由于这些文献极为零乱，皇帝便令人主持整编工作。于是出现许多"校书大家"，比如刘向与刘歆父子即为典型。

东汉时期的图书流通方式也和西汉时期一样，是国家藏书和私人藏书，朝廷沿袭了西汉时期管理图书中的制度，对国家所藏图书进行了严格控制，允许阅读者只能是皇帝、皇帝特许之人、编书者和校书人员。

此外，东汉朝廷召集过许多著名学者，利用国家所藏档案图书，撰写国史，如班固、蔡邕等，先后在国家图书馆东观，利用藏书，撰写《东观汉纪》。

同时，东汉时期，允许私人藏书，故当时的藏书家很多，藏书量也很大。据《后汉书》记载，班固、王和平、蔡邕等人，家中藏书甚多。由于东汉时期藏书事业的发展，"校书大家"郑玄即为典型。

造纸技术的改进，也促使了"书肆"的出现。通过东汉时期思想家王充的学习经历，可以看到当时洛阳这样的都市中图书市场的作用。

《后汉书·王充传》记载：王充小时候就失去了父亲，因孝顺在乡里被称赞。后来到了京师，在太学求学，扶风人班彪做了他的老师。王充喜欢广泛的阅读书籍而且不摘章守句。由于家里穷，没有书可读，他常在洛阳的书铺上游走，看人家卖的书，看过一次后就能记住并背诵，于是，不久就广泛地通晓了众多流派的各家学说。

王充后来回到乡里，隐居从事教学。他完成的文化名著《论衡》，在学术史上具有里程碑的意义。他的学术基础的奠定，竟然是在洛阳书肆中免费阅读书肆中所卖的书而实现的。

东汉时期还有另一位学者荀悦，他的学术积累就是在书肆读书实现的。据史载，荀悦12岁能读《春秋》。因为家贫无书，每至书肆便饥渴阅读。荀悦后来成为著名的历史学者。他所撰写的《汉纪》，成为汉史研究者必读的史学经典之一。

汉代图书在市场的流通，表明书籍在纸张发明的推动下已经走向社会，并且有了与之配套的书写文书使用的文具。推想当时买卖图书已经有了大体确定的营业商和营业点。这也是文化发达程度的体现。

造纸技术的改进，促进了通信、传写、藏书及书肆的发展，是文献流通方式的重大进步，也是文化史进程中的重大进步。

石渠阁汉武帝时期的朝廷档案馆。自汉武帝"罢黜百家，独尊儒术"以来，儒家学说成为统治思想。汉宣帝时为了进一步统一儒家学说，于公元前51年诏萧望之、刘向、韦玄成、薛广德、梁丘临、林尊、周堪等儒生，在长安未央宫北的石渠阁讲论"五经"异同。由汉宣帝亲自裁定评判。

石渠讲论的奏疏经过汇集，辑成《石渠议奏》一书，又名《石渠论》经过这次会议，博士员中《易》增立"梁丘"，《书》增立"大小夏侯"，《春秋》增立"谷梁"。

知识点滴

两晋南北朝时的写本卷轴

随着造纸术的不断改进与提高，特别是由于社会经济文化的发展，纸书的数量与纸张的优越性被人们所充分认识。至两晋南北朝时期，纸张已成为主要的书写材料，纸本书完全取代了帛书。

西晋时期，文学家左思写《三都赋》，10年始成。这是历史上有名的"洛阳纸贵"的故事，它说明在西晋时期，纸已经普遍被用作书写材料了。

和汉代不同的是，西晋时期不仅贫寒者用纸，即使"豪贵之家"也竞相用纸，

说明纸已不被看做一种低级的书写材料了。

403年11月，桓玄据有建康，即现在的南京，加自己的冠冕至皇帝规格的十二旒，接受晋安帝禅让帝位。不久即下令，即废除简牍，普遍使用纸张：

今诸用简者，皆以黄纸代之。

这是历史上治国者下令推广以纸代简的最早记载，对于纸的推广应用起着一定的作用。

其实，从蔡伦造出优质纸开始，纸抄本书籍就开始出现了，但当时使用面是很小的。随着纸张产量的增加，质量的不断提高，用纸作为书写材料，才逐渐地扩大应用。经历了几百年的发展过程，至南北

朝时期，纸书已风行全国，纸抄本书籍，才完全代替了简牍和缣帛。在纸上抄写是南北朝时成书的主要形式。

两晋南北朝时期，由于纸的来源已经很充足，抄写又比较容易，纸材取代简牍成为普遍采用的书籍材料，此后直至印刷术发明初期。事实上，从纸张发明至隋唐时期纸书的制作主要靠手写。

古代写本书用纸，多经过了染色处理，这主要是为防止虫蛀和腐朽。古代染纸用一种名叫黄檗的植物汁浸染纸张，黄檗汁色黄，有防虫蛀之特效，敦煌石室的经卷，保存了1000多年以后，尽管有破损，但纸张完好，无虫蛀现象。

抄写时，第一张纸起首空两行，先写书名，另起一行写正文。每抄完一书，在末尾空一行再写书名、字数、抄写人姓名、抄写时间、抄写目的、用纸数字，甚至连校书人、审阅人、制卷人姓名也一一附记。

内容较多的书，一张纸容纳不下，再用第二张纸继续抄写，纸的一面写满后，反过来在背面书写，一张一张的纸可按顺序连接，既可先写后接，也可先接后写，写完书的长纸，从左向右卷成一纸卷。

随着图书传抄做法的盛行，对书籍装帧也开始进一步考究起来。

由于纸是简牍与缣帛的代替品，应用于书写之后，依然沿袭着卷轴的形式。因此，这一时期出现了卷轴装的图书。

当时的纸书的形式是卷轴式。卷轴式也叫"卷轴装"，其方法把若干张纸粘成长卷，用棒作为轴，粘于最后一幅纸上，并以此成为中心卷成一束。

古纸的宽度约24厘米，相当于汉制的一尺，长度约自41厘米至48.5厘米不等，约等于古制的两尺。因此，卷轴形式的书高度普遍为一尺，纸张可根据需要逐张粘接，一般在9米至12米之间，最长可达32米。为了模仿简牍的形制，古纸上都划有行格，恰好能书写一行文字。在纸与纸的接合处，往往有押缝和印章。

卷轴书卷的末端粘在轴上。轴多为刷漆的木轴，也有用象牙、珊瑚、玳瑁、紫檀木以及黄金等贵重材料制成的。

当书卷成一卷后，书的卷首就露在最外边，因此，常在卷首以锦缎制成"褾"，也叫"裼"或"装背"，现代人称之为"包首"，来加以保护。"褾"头再系上丝带，作为捆扎之用，叫做"带"，带常为丝质，带的颜色也因书籍内容的不同而相异。

为了便于书卷的保存，每5卷或10卷，或是用帙布包裹起来，或是装入书囊。包书的帙也称书衣，它的材质有麻、丝，也有用细竹帘做的，并在里面衬以绢或布。

纸卷的书通常单面写字，此时卷面上已出现了"眉批"和"加注"形式的注释文字。在卷的末端，也多留有题跋的位置。敦煌遗书中，有的还在卷尾加注抄写日期以及抄写、校阅、监督等人员的姓名，已初具一些现代书籍的形制。

卷轴的存放方法是在书架上平放，把轴的一端向外，取阅时抽出，归还时插入。为了方便检索古人就在外向的轴头上挂上一个小牌，写明书名和卷数，这叫做"签"。

综上所述，我们可以提出这样的结论：蔡伦改进造纸技术后，纸已开始作为书写材料。随着纸的质量和产量的不断提高，纸作为书写材料越来越普遍。但由于人们的习惯使然，至东汉末年，简帛仍占着主导地位。南北朝时期，纸质抄本才逐渐占了主导地位，并且已完全代替了简帛。以后至唐代中期，是纸质抄本书籍的全盛时期。

知识点滴

左思为写《三都赋》，收集大量的历史、地理、物产、风俗人情的资料，大量的资料堆满屋子。收集好后，他闭门谢客，开始苦写。他在一个书纸铺天盖地的屋子里昼夜冥思苦想，常常是好久才推敲出一个满意的句子。

《三都赋》刚开始时并未被人认可，后来在名家张华和皇甫谧的推荐下，很快风靡了京都，懂得文学之人无一不对它称赞不已。由于都城洛阳多权贵之家，皆争相传抄《三都赋》，遂使纸价上扬，为此而贵。"洛阳纸贵"一时成了佳话。

隋唐时期的雕版印刷术

隋唐时期，随着社会文化的发展和科学技术的进步，纸抄本书籍已不能满足社会的需要。再加上佛教的兴盛，需要大量的佛经、佛

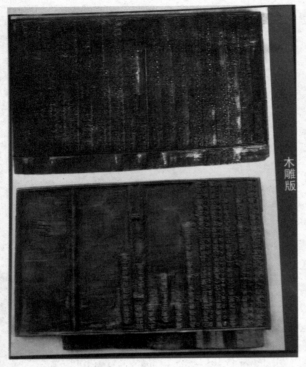

木雕版

画；同时科举制度的推行，也刺激更多的人读书。这就导致了隋唐时期雕版印刷术的发明。

明代学者胡应麟曾经说：

> 雕本肇自隋时，行于唐世，扩于五代，精于宋人。

这是对印刷术发明、发展的精确概括。

雕版印刷的发明时间大致在隋代末期至唐代初期这段时间。雕版印刷的印品，刚开始时只在民间流行，并有一个与写本书并存的时期。

唐穆宗时，诗人元稹为白居易的《长庆集》作序中说："牛童马走之口无不道，至于缮写模勒，烨卖于市井。""模勒"就是模刻，"烨卖"就是叫卖。这说明当时的上层知识分子白居易的诗的传播，除了手抄本之外，已有印本。

由于唐代科技文化繁荣，印刷术在唐代取得了长足进步，印刷业已经形成规模。当时剑南、两川和淮南道的人民。都用雕版印刷历书在街上出卖。每年，管历法的司天台还没有奏请颁发新历，老百姓印的新历却已到处都是了。

当时不仅有印历书，还有印其他的书籍。历史学家向达在《唐代刊书考》中说："我国印刷术之起源与佛教有密切之关系。"这个论断，充分证明了佛教僧侣对印刷术的发明和发展是有贡献的。

唐代的佛教十分发达，高僧玄奘曾西游印度17年，取回25匹马驮的大小乘经律论252夹，657部。当时，各地寺院林立，僧侣人数很多，对佛教宣传品需求量也很大，因此，他们是印刷术的积极使用者。在这个时期，出现了许多佛教印刷物，是早期的印刷物。

早期的佛教印刷品，只是将佛像雕在木版上，进行大批量印刷。唐代末期冯贽在《云仙散录》中，记载了645年之后，"玄奘以回锋纸印普贤像，施于四众，每岁五驮无余。"这是最早关于佛教印刷的记载，印刷品只是一张佛像，而且每年印量都很大，但遗憾的是未流传下来。

现存最早有明确日期记载和精美扉画的唐代佛教印刷品，是考古工作者在1900年于敦煌千佛洞里发现的一本印刷精美的《金刚经》，卷末刻印有"咸通九年四月十五日王为二亲敬造普施"题字，证明它是868年的雕版印刷品。《金刚经》是由雕版印刷、卷轴装订的，其全称为《金刚般若波罗蜜经》。

《金刚经》是我国现存最早最完整的插图书籍。在6块木版上雕刻经文，印在6张纸上，卷首加印一幅画，共7个印张，粘成一卷。

这件印刷品是由6个印张粘接起来的16米长的经卷，前边有一幅题为《祇树给孤独园》图画，内容是释迦牟尼佛在竹林精舍向长老须菩提说法的故事，弟子须菩提正在跪拜听讲。佛像的左右前后，立有护法神及僧众施主18人，上部有幡幢及飞天，还有伏地的狮子等，神态肃穆而生动，构图饱满而疏密有致。

经卷首尾完整，图文浑朴凝重，刻画精美；雕刻精美，刀法极为纯熟峻健，线条亦遒劲有力；而释迦及众弟子和天神等的形象，更具有中原画风的特色。

这是雕版佛画中，一幅非常珍贵的艺术遗产，它形象地说明我国在唐代晚期雕版艺术已达到了纯熟和精妙的程度。

雕版印刷需要先雕刻板材，这一时期已经具备了成熟的雕刻板材的技术。雕刻以杜梨木、枣木、红桦木等做板材。

一般工艺是：将木板锯成一页书面大小，水浸月余，刨光阴干，搽上豆油备用。刮平木板后并用木贼草磨光，反贴写样等待木板干透之后，用木贼草磨去写纸，使反写黑字紧贴在板面上，就可以开始刻字了。

第一步叫"发刀"，先用平口刀刻直栏线，随即刻字，次序是先将每字的横笔都刻一刀，再按撇、捺、点、竖，自左而右各刻一刀，横笔宜平宜细，竖宜直，粗于横笔。

接着就是"挑刀"，据发刀所刻刀痕，逐字细刻，字面各笔略有坡度，呈梯形。挑刀结束以后，就用铲凿逐字剔净字内的余木，名字叫"剔脏"。再用月牙形弯口凿，以木槌仔细敲凿，除净没有字处的多余木头。

最后，锯去版框栏线外多余的木板，刨修整齐，叫"锯边"。至此雕版完工，可以开始印刷了。

印书的时候，先用一把刷子蘸了墨，在雕好的板上刷一下。接着，用白纸覆盖在板上，另外拿一把干净的刷子在纸背上轻轻刷一下，把纸拿下来，一页书就印好了。一页一页印好以后，装订成册，一本书也就成功了。

这种印刷方法，是在木板上雕好字再印的，所以大家称它为"雕版印刷"。雕版印刷的过程大致是这样的：将书稿的清样写好后，使有字的一面贴在板上，即可刻字，刻工用不同形式的刻刀将木版上的反体字墨迹刻成凸起的阳文。

同时将木版上其余空白部分剔除，使之凹陷。板面所刻出的字凸出版面一两毫米。用热水冲洗雕好的板，洗去木屑等，刻板过程就完成了。

印刷时，用圆柱形平底刷蘸墨汁，均匀刷于板面上，再小心把纸覆盖在板面上，用刷子轻轻刷纸，纸上便印出文字或图画的正像。将纸从印版上揭起，阴干，印制过程就完成了。

刻板的过程有点像刻印章的过程，只不过刻的字多了。印章是印在上，纸在下，而印书的过程与印章相反。

雕版印刷的印刷过程，有点像拓印，但是雕版上的字是阳文反字，而一般碑石的字是阴文正字。此外，拓印的墨施在纸上，雕版印刷的墨施在版上。由此可见，雕版印刷既继承了印章、拓印、印染等的技术，又有创新。

值得一提的是，由于雕版印刷的出现，还产生了册叶制度，其特点是从一长卷到一单叶。后来的活字印本书与也大多与此相同。

刻书用的木板，一般宽一尺半，高七八寸，上边的空白叫"天头"，下边的空白叫"地脚"。一块版所占的面积叫"版面"或"匡郭"，版面四周的黑线叫"版框"，也叫"边栏"或"栏线"，简称"线"，四周单线印的叫"四周双边"，或叫"双边栏"，双线一般是外粗内细，故又称"文武边栏"。

还有一种仅左右印双线的叫"左右边线"或"左右双夹线"。版框上下距离称为"高"，左右距离称为"宽"或"广"，用以表示版框尺寸大小。

一块木版刻一页书，一页书又分两面，中间部分叫"版心"，以版心为中进行折叠，版心上一般刻有书名、卷数，有时也把刻工姓名刻在上面。为了折叠方便，还用了图案，叫"象鼻"和"鱼尾"。

象鼻处空白或只有一条细线的叫"白口"，线粗或全黑的叫"黑口"。鱼尾有的只在上面有，有的上下都有，这种版式在我国流行了上千年。

在版框两边边栏外的上角，有时有一小方格，称为"书耳"或"耳子"，或称"耳格"，简称为"耳"。书耳上多记书的篇名，即小题，相当于现代铅印书直排本的"中缝"，横排本的"书眉"。其在左的称为"左耳题"，在右的称为"右耳题"。这是为方便阅读翻检而设的。

隋唐时期雕版印刷术的发展，是对人类文明作出的最大贡献，也是促进书籍发展的重要条件。它为后来毕昇发明活字印刷打下了坚实基础，为印刷技术的进步起到了重大促进作用。

知识点滴

唐太宗执政时，皇后长孙氏收集封建社会中妇女典型人物的故事，编写《女则》。长孙氏写《女则》时非常用心，而且她不想沽名钓誉，只是对自己留下些许交代。长孙皇后去世后，宫中有人把这本书送到唐太宗那里。

唐太宗看到之后，热泪夺眶而下，感到"失一良佐"，从此不再立后，并下令用雕版印刷把它印出来。

当时民间已开始用雕版印刷来印行书籍了，所以唐太宗才想到把《女则》印出来。《女则》由此成为我国最早雕版印刷的书。

印装插图

五代时期的印刷事业在唐代雕版印刷技术的基础上大有发展，印刷地域更加广泛，印刷规模进一步扩大，数量也大幅度增加。随着刻书业的发展和佛教的传播，书籍插图技术也逐步走向成熟。

北宋时期毕昇发明的活字印刷技术，弥补了雕印的不足，在印刷史和书史上具有划时代意义。与此同时，辽金夏时期书业也明显受到中原地区雕版、装帧及插图等方面的影响。元代也在中原制书技术的基础上，在印书品种、活字应用及套印装帧等方面，取得了突出的成就。

五代时期的刻书与插图

　　五代即五代十国，这一时期，印刷事业比唐代大有发展，印刷地区更加广泛，印刷规模进一步扩大，数量也大幅度增加。伴随着刻书业的发展，书籍插图技术也逐步走向成熟。

　　五代十国时期雕版印刷的扩大，体现在刻书地点的增多。当时以开封、成都、杭州、金陵、敦煌、福州最为有名。

　　开封为五代梁、晋、汉、周四个时期都城，都城内设有国子监，有名的《五代监本九经》即完成于此。

932年，唐代后期宰相冯道首先倡导刻印儒家经典。据说他看到当时吴、蜀一带刻印的书籍，虽然种类很多，但多是一般平民百姓所用的日历和一些通俗读物及佛经等，唯独没有儒家经典。于是他上书皇帝，奏请依石经文字刻印《五代监本九经》印版。得到皇帝批准后，冯道让当时的大儒田敏等人，召集国子监的博士儒徒，依照当时最好的官方范本《唐石经》的经文，取六朝以来通行的经注本之注，合编成经、注兼有的经本，再经过六七个以上专家学者的仔细阅读精校，然后请书法高手用端正的楷体写出，再组织工匠雕刻印刷。

这样，从932年至953年，历经22年时间，《五代监本九经》全部完工。同时还刻印了《五经文字》、《九经字样》两种辅助著作，共130册，这是官府大规模刻书的开始。

在《五代监本九经》刻成后两年，即955年，儒学大师田敏又奉命刻印了关于解释经书音义的书《经典释文》。

这次唐代晚期刻印的《五代监本九经》，因为是国子监印本，后世称为《五代监本九经》，从此，版本学上出现了"监本"这个名词。

《五代监本九经》的问世，使古代经书有了统一的标准本，在当时还允许公开出卖，使《五代监本九经》流布甚广，因而对于文化的普及起了一定的积极作用。同时，自此以后，刻书不再是民间书坊或和尚道士的事，而成为历代朝廷的出版事业，对后世印刷业的发展起了很大的推动作用。

由于朝廷对印刷业的提倡，士大夫私人刻书也多了起来。私家刻书世称"家刻本"。

蜀国的京城成都，在唐代就是刻书业的先进地区，此时更为兴盛。因为这里从唐代末期到宋代初期，70多年没有发生过大的战乱，因而经济发达，文化兴盛，人们对书籍的需要量越来越大，加上又盛产麻纸，印刷技术又有根底，这就为该地区印刷业的发展提供了有利的条件。

当时后蜀的宰相毋昭裔是私人大量刻印书籍的先驱。他命人刻印了诗文总集《文选》和类书《初学记》，还有白居易编的类书《白氏六帖》。

毋昭裔还自己出钱兴办学校，刻印《五代监本九经》，镌刻《后蜀石经》，但未全部完成。在他的倡导下，后蜀文风由此蔚兴。毋昭裔对蜀国文化教育的发展确实做出了不小的贡献。

到了宋代，毋家所刻的书籍，已遍销海内了。正因为如此，宋太祖灭后蜀时，对毋家网开一面，下令把雕版全部发还给毋家。他的子孙继续从事刻书事业，成为成都世代相继的有名的出版家。

此外，前蜀任知玄看到印刷术的优点，也在909年至913年，自己出钱，在成都雇工雕刻著名道士、道教学者杜光庭著的《道德真经广圣义》30卷，五年间雕成460多块版，并印刷出来使其广泛流传。

在成都刻印的还有蜀国和尚昙域。他收集了他的师父禅月大师贯休的诗作1000首，在923年雕印出版，题名《禅月集》。这些都反映了五代时成都印书业的发达，从而为宋代享有盛誉的"蜀本"打下了技术基础。

吴越国的京城杭州，印刷业也相当发达。单是国王钱弘俶与和尚延寿就刻印了大量的佛经、佛像、塔图、咒语，印数可考的就达68万多卷，印数之大是空前的。

吴越国的印刷技术也达到了很高水平，印本纸张洁白，墨色均匀，字体清晰悦目，图画也很精美；还有2万幅印在素绢上的观音像也是前所未有的，这是我国最早的用丝织品印刷的版画，这些都反映了杭州印刷技术水平之高。

后来，吴越王王妃黄氏所建的西湖雷峰塔倒塌，考古工作者发现塔砖之内藏有《宝箧印陀罗尼经》，为吴越国所刻印卷首有较简略的扉画。此外，考古工作者还发现塔砖内另藏有木刻雕版画，刻有人物故事，较《宝箧印陀罗尼经》卷扉画还要精细。

五代时期，著名词人和凝曾在五代各朝为官，一直做到宰相的高位。其人爱好学习，才思敏捷，长于短歌艳曲，尤重声誉，为此他在家乡山东出版了自己的文集100卷，分送给友人，其作品流传到开封、洛阳一带。

和凝是文学家出版自己作品的第一人，从此刻印私人文集的风气盛行起来。后晋石敬瑭命道士张荐明雕印的老子《道德经》，就是和凝为该书写了序文，并冠于卷首，使其颁行天下。

南唐的京城金陵即今南京，也曾刻印了唐代著名史学评论家刘知几著的史学理论专著《史通》，还刻印了南朝陈徐陵编的诗歌总集《玉台新咏》。

敦煌地处偏僻的河西地区，当时驻守敦煌的归义军节度使曹元忠，于10世纪四五十年代，先后请刻工雕印了单张的上图下文的各种菩萨像、《大圣毗沙门天王像》和《金刚经》、《切韵》、《唐韵》等书。

其中，制作于947年的《大圣毗沙门天王像》，结构紧凑，中心突出，刻画的线条，刚劲而不呆板，豪放而不粗糙，古朴而不庸俗，充分表现出这一时期雕版印刷技术的水平。在该像的题记中，刻有愿文：

归义军节度使……曹元忠请匠人雕此印版，唯愿国安人泰，社稷恒昌，道路和平，普天安乐。

与《大圣毗沙门天王像》同时制作的另一幅木刻雕版画《大慈大悲救苦观世音菩萨像》，除了画面质朴简洁、刻线流畅外，其最大的特点，此画标明"匠人雷延美"所刻。"雷延美"之名，当是古代版画插图史上刻上刻工名的第一人。

《大慈大悲救苦观世音菩萨像》和《金刚经》除印上曹元忠的名字外，还印有当时刻工雷延美的名字，这是古代历史上最早记载的刻书工人。这几种佛像和佛经是迄今传世的写明主刻人和雕印年款的五代时期的珍贵印刷品。

福州地处东南沿海，当时的闽国国王王审知很重视文化教育，他的大臣徐寅所写的《人生几何赋》，曾被书商刻版印卖，因此他写了"拙赋偏闻镂印卖"的诗句，可见当时的福州已出现了以刻卖书籍为营生的书坊了。

随着刻书业的发展，收藏图书比以前容易了，因而私人和国家的藏书也多了起来。据记载：后梁节度使赵匡凝"颇好学问，藏书数千卷"。后唐大将王都"好囊图书"，家中藏书3000卷。后周张昭积书数万卷，并建有藏书楼。荆南国的学者孙光宪，好学不倦，博通经史，家有藏书几千卷。南唐的3位国君李昇、李璟、李煜都收买图书，兴办教育，"宫中图籍万卷"。吴越国国君钱镠的儿孙都崇信儒学，好藏图书，"家聚法帖图书万余卷，多异本"。所以史称"江南藏书之盛，为天下冠"。

这个时期有成千上万卷的藏书出现，在干戈扰攘时期十分难得，从一个侧面反映了五代十国时期刻书业的发达。五代十国时期的木刻插图也是一大特色。

唐代雕版印刷技术的发明，实际上也是木刻版画艺术的初创期，当时木刻主要服务于宗教的宣传，宗教的大发展使印刷业得以兴盛。至于文学书籍及民间用书中的木刻插图，直至稍后的五代时期才逐步受到应有的重视。

木刻版画原本属于一个独立的艺术门类，但在雕版印刷技术的发明和推广下，木刻版画作品被印刷在书籍之中，从而扩展了书的内容和形式，成为我国古籍发展中的一个亮点。

五代时期，由于印度佛教文化的输入，它对于古代文化产生了很大的影响，而这也恰恰反映在书籍木刻插图艺术之中。

事实上，木刻佛画是五代时期图书方面的重要作品。通过图书中的佛画，将佛教的轮回因果的思想加以形象化表达，并把佛和菩萨的形象与人的性格特征接近化，达到普及民众的目的。

五代时期的图书插图从图式来看，大致上可归纳为两种：一是经卷扉画；二是经典插图。

经卷扉画，即是在经卷之首页，刻印一幅有关佛经的绘画。当时经卷的形式，不外乎卷子本或折子本，这两种本子，几乎都刊有既精致又富有装饰意味的扉画，如西湖雷峰塔《宝箧印陀罗尼经》扉画等。这种刊有扉画的经卷形式，就成为以后通行的形式。

经典插图是为了更形象地表明佛经故事中的重要场面，表达出经卷的主题意旨，因而在雕刻经卷时，就有重点地描绘出与经卷中有关的佛或菩萨及其弟子们的形象活动。

图书的插图会给人带来更直观的感受，也便于理解书的文字内容。在当时，一般宗教信徒，即所谓"信女"、"善男"，他们之中不识字的就很多，虽然口里念着"经"或"忏"，但是都看不懂经书中写的是什么意义。但是，有了插图，至少可以使一般信徒能了解经卷中的大概意思，所以当插图本的经书一出现时，它那崭新的面貌立刻受到了广大信徒们的欢迎。

五代时期图书插图的形式有四种：一是在一页之中，上图下文；二是在一页之中，左图右文；三是图在书页之中，有圆式或方式，四周则刊印文字；四是不规则的插入。其中一页之中的"上图下文"形式最受民间欢迎。

"上图下文"形式的版式结构，表现为图像与文字分别刊刻在同一页面的上下不同位置，显示出图像与对应文字之间具有密切关联。这种"图文同步"的形态，后来成了刊刻图文的主流，并且成为了图书配图时普遍遵循的一般性原则。

五代时期的书籍木刻插图，奠定了古代书籍木刻插图的基础，对以后的书籍木刻插图有深远的影响。尤其是当印刷面向文学艺术以及民间日用书籍的出版时，这就给插图开辟了一条广阔的道路。直至明清时期的戏曲、小说木刻插图的大发展，也还是沿用了很多五代时期的木刻插图刊印形式。

知识点滴

毋昭裔是后蜀时一位有识略的谋臣，也是当时颇负盛名的刻书家，酷好古文，精于经术，极嗜图籍，致力于藏书。毋昭裔自幼家贫，在艰难的条件下求学苦读，深有所感，立志将来要发展教育事业。

据史书记载，毋昭裔年少时，向别人借阅诗文总集《文选》和类书《初学记》的抄本，人家不肯借给他，他十分气愤地发誓说："他日得志，愿刻版印之，以便利天下的读书人。"后来他果然得志，做到了宰相。于是，他组织刻书，实现了自己的心愿。

毕昇发明泥活字印刷术

雕版印制书籍必须是每一种书籍雕一套版，每套版只能印一种书籍。如果印刷新文，就必须再雕一套版。能否克服这种弱点，使之既省工本，又能随意生新，这是摆在当时书籍生产者面前的新课题。

北宋庆历年间，平民毕昇用自己的天才和实践圆满地解决了这个问题，这就是泥活字印刷术的发明。

毕昇从10岁就开始在杭州

一家书坊当学徒，经过几年的努力，已成为一名具有娴熟雕版印刷技术的印刷工人。雕版费时费工，远远不能满足社会需要。怎样克服雕版印刷的弊端，是当时人们极为关心的一个问题，也是毕昇整天苦苦琢磨的事情。

有一天，毕昇在书坊里工作了整整一天，眼看一整块书版就要刻成了，可一不留心，刻坏了一个字。他叹了一口气："今天一天的功夫算是白费了。"可是他实在舍不得扔掉这块书版再重新刻。他坐在书版面前考虑补救的方法。

毕昇先将刻坏的字用刀削去，在这块地方挖一个小方孔，再做成一与小方孔大小吻合的小木片，用胶粘在小方孔里，在上面刻好需要的字。由于他技术好，补得天衣无缝。这件事对毕昇启发很大，由此他联想到那一个个活动的印章，再看看面前的雕版。

毕昇想，如果把书版上那些不能活动的字分割开来，让它们变成一个个可以活动的单个的字，就像一个个的小印章一样，每个小印章上刻一个字，印一本书，需要用什么字，就选什么字。印刷书籍时，再把这些单个字排成像雕版印刷的书版一样的一整块版。一本书印完后，活动的单个字可以抓下来，印下一本书时还能再用。这样一来，岂不是既节省了材料，减少了刻字工匠们的劳动，又缩短了印书时间吗？

想到这里，毕昇心中豁然开朗，他开始着手制造单个的字。他实验了好几种材料，都不理想。后来，他受到烧制陶瓷的启发，选定了一种黏性很大、非常细软的胶泥，并用这种胶泥做成了一些泥活字。

经过八九年的不懈努力，毕昇终于在1041年至1048年间，发明了胶泥活字印刷技术。试验结果表明，印刷效率大大提高。

关于毕昇发明泥活字印书法，北宋时期科学家沈括在他所著《梦溪笔谈》中有翔实的记载。按照沈括所记，毕昇发明的胶泥活字印刷技术，可分为以下3个主要步骤：

首先是制活字。用一种质地细腻的黏土即胶泥制成活字，一个个像铜钱那样薄的小泥块，像刻图章一样在每一块上刻一个字，放在火上烧过，就成了坚硬的活字。

每字都刻好几个，对于"之"、"乎"、"者"、"也"这些常用字，每字刻20多个，以备排版时一字重复出现时使用。这些活字是活字印刷的基本工具。

其次是排版。先预备一块铁板，上面铺上一层松脂、蜡和纸灰一类的东西，再用铁做一个书版大小的铁范即铁框。印书时，先把铁范放在铁板上，依照书稿把所需要的活字排在范内，排满版后，就把铁板放在火上烘一下，使松脂和蜡稍一熔化，再用平板按压一下，使字面平整。等到松脂和蜡凝固了，这活字就牢固地胶着在版上，排版的手续就完成了。

最后一步，就是在版上施墨印刷。如果要加快印刷，可以用两块铁板替换，一版印刷，一版排字，前一版印刷完毕，后一版就准备好了。这样互相交替着用，既可节省时间，又可提高印刷效率。

印刷完了，再把铁板放在火上烘一下等松脂和蜡熔化，就可以把活字取下来，以备下次使用。

在这一过程中，印刷的3个主要步骤制活字、排版、印刷，已经完全具备了。因此，毕昇的这一发明，虽然还很原始简单，但它的基本原理与现在通行的铅活字排印方法完全相同，对后来书籍的印刷产生了深远的影响。

活字制版避免了雕版的不足，只要事先准备好足够的单个活字，就可随时拼版，大大地加快了制版时间。活字版印完后，可以拆版，活字可重复使用，而且活字比雕版占有的空间小，容易存储和保管。这样一来，活字的优越性就表现出来了。

毕昇还试验过木活字印刷，由于木料纹理疏密不匀，刻制困难，木活字沾水后变形，以及和药剂粘在一起不容易分开等原因，所以毕昇没有采用。但后代的铜活字、铅活字均由毕昇的泥活字发展而来。

毕昇的胶泥活字版印书方法，如果只印两三本，不算省事，如果印成百上千本，工作效率就极其可观了，不仅能够节约大量的人力物力，而且可以大大提高印刷的速度和质量，比雕版印刷要优越得多。

毕昇发明的这种活字印刷技术，不仅促进了古代图书事业的繁荣，而且从13世纪至19世纪传遍全世界，为世界文化的发展作出了贡献。全世界人民称毕昇是"印刷史上的伟大革命家"。

知识点滴

毕昇的胶泥活字印刷技术自发明以后，在世界上广泛传播。首先传到朝鲜，称为"陶活字"。后来又由朝鲜传到日本、越南、菲律宾。15世纪，活字板传到欧洲。1456年，德国的戈登堡用活字印《戈登堡圣经》，这是欧洲第一部活字印刷品，比我国的活字印刷史晚400年。

活字印刷术经过德国而迅速传到其他的10多个国家，促使文艺复兴运动的到来。16世纪，活字印刷术传到非洲、美洲、俄国的莫斯科，19世纪传入澳洲。

宋代印刷业及版权保护

　　宋代印刷事业的时代发展，表现在雕版印刷普及与鼎盛，活字印刷术的创造发明，更重要的是印刷管理制度呈现出鲜明的时代特征，尤其是版权保护的相关法规，在我国乃至世界文明史上是一次革命。

　　北宋初年，朝廷就十分重视印版的收集和重要典籍的印刷，并有计划有分工地刻印了经、史、子、集等书。

宋代的中央主管印刷的机构是国子监，其印书的主要种类是经、史、子、集类书籍。国子监既是最高学府、国家的教育管理机构，又是中央朝廷刻书的主要单位。其所刻书，世称"监本"。

由北宋时期国子监镂版印刷的图书，经部书有校正唐代学者孔颖达的《五经正义》等；史部书有《史记》、《汉书》、《三国志》、《晋书》、《隋书》、《新唐书》、《新五代史》等；诸子类书有《荀子》、《文中子》、《孙子》、《卫缭子》、《六韬》等。其他各类有《黄帝内经素问》、《难经》、《千金翼方》、《黄帝针经》、《金匮要略》，以及《说文解字》和《群经音辨》等。

北宋时期从960年建国至1005年间，由于大量刻印儒家经典著作，阐发经学思想及经书之音注、疏、正义等着述，经过40年，经书版片已经增加了20多倍。这不仅利于封建社会教育的普及，同时对儒家学说的研究与传播，也起了积极的促进作用。

北宋时期国子监刻书，对古代采用雕版印刷、刻印书籍的发展作出很大贡献，为以后刻书事业的全面发展奠定了基础，影响深远，在古代印刷史上占有重要的地位。

南宋建国初期，搜寻一些北宋旧监本书籍，国子监无力重雕，即令临安府及两浙、两淮、江东等地方朝廷部门刻版，然后送归国子监。当时刻印有《九经》白文、《十三经》古注、《十二经》正文，以及一部分正史书和《资治通鉴》。其他书版多存在原地印卖，或由读者赎买。因此，南宋时期地方官刻书迅速发展起来。

如各地方公使库，朝廷在地方各路设置的各路使司、地方州或府、郡，以及郡学、县学、书院等都普遍刻书、印书。所刻印之书有《礼记注》、《颜氏家训》、《荀子》、《周易》、《文选》等，都刻印精良。

宋代的民间刻本书，是在唐代中后期及五代以来兴起的民间印刷作坊的基础上发展起来的。宋代民间印刷的书籍，分为家刻本、家塾刻本和坊刻本。

家刻本又称"私刻本"，是个人雇请工匠或出资由刻书作坊刻印的书，这类书大多为自己的著作或自己祖先的著作。其刻印的目的主要是为了传播、扬名或纪念其祖先，因此，这类书往往以赠送为主，有时也通过销售而收回成本。

家塾刻本主要内容还是向本族家塾学生提供学习和阅读的书籍，其内容多为儒家经典、启蒙读物以及历代名家诗文集等。这类印刷品除满足本族需要外，也往往销售一大部分，将所得收入作为家塾的经费。

坊刻本则是专门从事书籍印刷的作坊所印的书，这是典型的民间印刷。它一般都有自己的印刷作坊，根据其规模的大小，长期雇佣一定数量的刻版、印刷和装订工匠。

宋代的佛经印刷也很发达。印刷佛教经典影响最大的是971年至983年完成的《开宝藏》。历经12年，完成雕版13万块，以《开元释教录》入藏经目为底本，共480函，5048卷；卷轴式，每版23行，每行14字，版首刻经题、版数、帙号等；卷末有雕造年月干支题记。

这项宏大的工程，在古代印刷史、出版史上具有十分重要的意义，是我国刻印佛教经典全藏之始。它对日本、朝鲜、越南等国雕版印刷术发展有直接影响。

《开宝藏》全藏久已无传，现存残卷皆硬黄纸印，卷轴装，每卷中行字不一。残卷存世寥寥无几，弥足珍贵。据传陕西青莲寺、太原崇善寺等处曾有《开宝藏》零帙，尚待访求。

继《开宝藏》刻印之后，宋代还有几次规模较大的官、私印经活动。如：1080年至1103年，由福州东禅寺等觉院主持冲真等人发起募捐雕刻的《福州东禅寺大藏》、《称福藏》、《崇宁藏》。全藏共6434卷，479函；1112年至1151年，由福州开元寺僧本悟等募捐、福州人蔡俊臣等组织刻经会，依东禅寺崇宁藏版的规模再次刻印，世称《毗卢藏》，也称"开元寺版"等。

除了佛教印刷外，在宋代还刻印过几部道教著作。最有名、规模最大的是刻印于宋徽宗政和年间的《万寿道藏》，它是在福建刻印的，共有541函，5481卷。

除了雕版印刷的书外，宋代版活字印刷的书，是南宋时期政治家、文学家周必大于1193年用活字自印《玉堂杂记》。这是毕昇活字应用的重要证明。

宋代由于印书业的发

展，朝廷也出台一些出版审查书刊的规定，包括：

> 规定出版审查制度；禁印奏议国史帝王字像；禁刻学术
> "不正"之书；法令、天文、宗教、纸币等印刷禁令；禁止
> 泄露军机等。

与此同时，由朝廷制订并实施的版权保护方面的法规，可谓史无前例。

北宋时期的版权保护法规，主要为保护朝廷印刷物的权威性。南宋时期私刻书籍请官府出面，行使版权保护。保护的主要是出版者的经济利益，但也包括作者的著作权益。处罚的方式如"追人毁板"、"追板劈毁"等，是很严厉的。

宋代与图书相关的版权保护管理的制度，开启了我国版权保护之先河。

知识点滴

宋代福建是当时全国三大雕版印刷中心之一，尤以福州和建阳刻书为最盛。宋代福州刻书首先以规模宏大著称。两宋时期全国共刊刻大型宗教典籍7部，《大藏经》6部、《道藏》一部，其中有3部是在福州刊印的。北宋时期又刊刻大型佛教经典《崇宁万寿大藏》、梵文本《毗卢大藏》佛经，还有《毗卢大藏》、《政和万寿道藏》等。

宋代福州刻书规模大，品种多，雕印精，其雕版工程之浩大，也是当时全国其他地区根本无法比肩的。

元代书装形式与插图

元代在出版，印刷等方面，有着突出的成就，例如，印书的品种超过前代；木活字的首创和应用，朱墨双色套印书籍以及包背装的推行和广泛应用等。

元代朝廷十分重视书籍的收藏、出版和印刷，编修所、秘书监、经籍所主要从事书籍的出版、印刷和收藏，兴文署、艺文监、广成局、国子监等机构，也从事书籍的出版印刷。朝廷还设立专门的历书编印机构，每年出版印刷大历、小历、回回历3种，印量达300多万册。

京城元大都，即北京民间的印刷业也十分繁荣，当时编印的多为戏曲、话本、诗词等书。

元代首都元大都出版书籍的装帧形式，最初以蝴蝶装、经折装为主，蝴蝶装多用于一般书籍，如朝廷编印的经史类书籍。经折装则多用于佛经。在字体方面则多选用著名书法家赵孟頫的楷书，民间出现的话本中，使用了较多的简化字。

在元代的蝴蝶装书籍中，出现了一种开本较大、版芯较小的书籍装帧形式，这是前代所少见的。如元大德年间刻印的《梦溪笔谈》一书，版面的四边留有很大的空白。两空白面之间垫一张白纸，并与两白面粘连在一起，克服了一般蝴蝶装在阅读时需翻过一空白页的缺点。封皮用硬纸裱以织物。这种装帧形式在古代是很少有的。

元代中期开始，书籍多用包背装。包背装较蝴蝶装有很多优点，一是阅读方便；二是书籍更为坚固耐用。元代包背装是书籍装帧形式的一个重要阶段，它更接近于今天书籍的装帧形式。

色背装的特点，是一反蝴蝶装倒折书页的方法，而将印好的书页正折，使版心所在的折边朝左向外，使文字向人。书页左右两边的余幅，由于是正折书页，故齐向右边而集成书脊。

折好的数十书页，依顺序排好，而后以朝左的折边为准戳齐，压稳。然后在右边余幅上打眼，用纸捻订起砸平。再裁齐右边余幅边沿，再用一整张硬厚整纸，比试书脊的厚度，双痕对折做成封皮，用糨糊粘于书脊，把书背全部包裹起来。剪齐天头地脚及封皮左边。一册包背装的书籍就算装帧完毕了。这种装帧由于主要是包裹书背，所以称为"包背装"。

包背装在翻阅时，看到的都是有字的一面，可以连续不断地读下去，增强了阅读的功能性。

为防止书背胶粘不牢固，采用了纸捻装订技术，即以长条的韧纸捻成纸捻，在书背近脊处打孔。以捻穿订，这样就省却了逐页粘胶的麻烦。最后，以一整张纸绕书背粘住，作为书籍的封面和封底。

元大都印刷的《秘书监志》一书中，记有表背匠焦庆安的打面糊物料配方：黄蜡、明胶、白矾、白芨、藜篓、皂角、茅香、藿香、白面、硬柴、木炭。

焦庆安的配方中，包括了黏合剂、防腐剂和芳香剂三大部分，可见当时书籍装帧的用料是很科学的，它可以使书籍长久保存。

包背装大约出现在

南宋时期，盛行于元代，直至清代末期，也流行了几百年。包背装解决了蝴蝶装开卷就是无字反面及装订不牢的弊病。但因这种装帧仍是以纸捻装订，包裹书背，因此也还只是便于收藏，经不起反复翻阅。若是经常翻阅，仍然很容易散乱。

为了解决这个问题，一种新的装订办法又慢慢出现在明清时期并逐渐盛行起来，那就是线装。

元代的书籍插图也是十分精美的。元代的绘画很发达，突出的是文人画，而插图版画，则在宋金时期的基础上也有了一定的发展。

元代的南方刻书业当以浙江的杭州和福建的建宁为发达，当时如《文献考通》，宋、辽、金时期三部史书，西夏文的《大藏经》等，都在杭州刻印。这时期还出现了朱墨套印的雕版图书。

元代的经书、子书如《周礼》、《札记》、《乐书》、《论语》、《孝经》、《荀子》、《道德经》、《南华经》等，或以宋代版重印，或重行刊印，在当时相当可观。有一本《新刊全相成斋孝经直解》，为上图下文式插图本。

《新刊全相成斋孝经直解》有的刊本已流传日本。其结尾题有"时至大改元梦春既望宣武将军两淮万户府达鲁花赤小云石海崖北庭成斋自叙"，这题记非常重要。一是说明该书刊于至大元年，即1308年；二是说明刻书主人为维吾尔族人贯云石；三是说明该书刊于湖广的永州。

《新刊全相成斋孝经直解》18章15页，插图也是15幅，内容全部讲解行孝之事，说庶民百姓要有孝德，天子要行孝治。绘工精致，线条却有拙味，图意与文相合，虽然是元刻但绘的全是汉人服饰。

《事林广记》刊于1340年，共10集，陈元靓撰，为福建建阳郑氏积诚堂刻本，原题《纂图增新群书类要事林广记》。北京大学图书馆有藏本。《事林广记》内容丰富，其中有《耕获图》，写农夫耕种，妇女携孩子送茶水。又如《武艺图》绘卖艺者的精彩表演。还有一幅《双陆图》，画两个官人正举双陆之戏，旁有侍者两人，画中堂后有一黑犬翘尾出来，增添了画面活跃的气氛。

元代英宗年间刊印建安虞氏"全相平话五种"。是现在所能见到最早讲史道古的话本。这五种平话是：《新全相三国志平话》、《全相武王伐纣平话》、《乐毅图齐七国春秋》、《全相秦并六国平话》和《全相续前汉书平话》。刻工可知的有吴俊甫、黄叔安等。

这套平话上图下文，一面之中，文近三分之二，图占三分之一稍多，图中有小标题，图中人物多注出名字。这是一种大众化的普及本，我国后来的"小人书"即有源于此种方式者。

这套平话，由于插图多，可谓是一种插图集，5种平话计228幅图，绘的场面较大，能突出主要人物。情节概括，清清楚楚，而且偏重于"说明性"。

如《新全相三国志平话》

中的"赤壁之战"，这幅插图，对页展示，做横条幅，分三段。前段是孔明借东风，手持宝剑。为了说明风至，不仅人物衣带飘举，两棵大树，树叶都"呼呼"向西；中间一段黄盖带兵在船上进行火攻，风大，火势猛，吹向西边；最后一段是画曹操，因为不堪被火所烧，狼狈逃窜。三段三个主要人物，如孔明、黄盖、曹操都一一注出，令人一目了然。

又如《乐毅图齐七国春秋》，绘孙子说乐毅，画中两人正在对话，而且表情也是一目了然。这样的图式，与文字统一、相配、整齐、明了，这些特点，正给后来的版画插图以很大的影响。有人称之为"我国古本讲史小说的鼻祖"。

元代佛教依然兴盛。当时是儒释道三教并存，而且还信奉基督教。这一时期所刻的杭州雕版《普宁藏》，还有《河西字大藏》和《梁皇宝忏》等都相当工整，而1340年所刻的无闻和尚的《金刚经注》，居然有了朱墨的套印。它们无论从雕版印刷技术还是从插图绘制的要求来说，都是很有意义的。

知识点滴

　　小人书又称"连环画"、"连环图画"、"连环图"、"小书"等。广义的小人书可以拓展到卷轴、壁画，以及建筑中的木雕和砖刻等。小人书以连续的图画叙述故事、刻画人物，这一形式题材广泛，内容多样，是老少皆宜的通俗读物。
　　我国的小人书可以追溯至汉代的画像石，北魏时期的敦煌壁画等。至宋代，随着印刷术的广泛使用，连环画的形式由画像石、壁画向写本、图书转移。有插图的书本大量出现，插图的内容生动地表现了书本的精彩内容，受到读者的欢迎。

书业盛况

　　明代是我国古代图书出版印刷事业发展的全盛时期。明代图书出版业体系完善，在图书发行、出版管理、官私刻藏、书籍装帧与插图等方面都超过以往且高度发展。标志着我国古代文化事业的巨大进步。

　　清代图书事业可谓成绩斐然。清代出版系统走向成熟并发挥出更大效能，编印卷帙有繁有简，题目范围多式多样，书籍装帧以线装为主，多装并存，精美插图屡有出现，并遍及各类图书之中。所有这些，都造成了清代图书事业一个前所未有的极盛景象。

明代的图书出版体系

　　明代作为历史上文化高度发达的时期，其重要标志之一就是图书出版业的体系完善。明代图书发行渠道、出版的图书类型、图书价格、图书发行宣传、图书出版管理等方面皆远逾前代，呈现出相当繁荣的景象。

明代学术环境轻松，所以学术文化得到很大的发展空间，著述日渐丰富起来，科学技术得到进一步发展。这一切都为图书事业的发展提供了良好的文化背景，使得明代图书发行有了更扎实的基础。

明代图书的发行渠道总括起来有如下3种：一是固定店铺；二是集市贸易；三是流动售书。

明代商品经济发达，城镇店铺贸易十分活跃。都城北京作为全国书业中心书铺林立。北京自明永乐建立都城之后，作为政治、经济、文化中心，伴随着刻书事业的迅速发展，固定店铺书售也非常活跃。特别是在正阳门、宣武门琉璃厂一带，书铺林立。

南京的书业也很发达。著名文学家孔尚任的《桃花扇》就有关于南京书铺的记载，由此可见一斑。一个在金陵三山街的二酉堂主人蔡益所自豪地说：

　　天下书籍之富无过俺金陵，这金陵书铺之多无过俺三山街，这三山街书客之大无过俺蔡益所……俺小店乃坊间首领，只得聘请几家名手另选新篇。

　　集市贸易是明代城镇店铺售书的补充形式，一般来说都定期举行。比如当时北京有庙市和灯市等。

　　庙市以城隍庙最为著名，以每月初一、十五、二十五开市。灯市即今灯市口一带，灯市期间包括书籍在内的日用商品列肆于街道的两边。

　　建阳则每月逢一、逢六共6个集，车水马龙，市井喧嚣。建阳出现了古代书业史上最早的以批发为主的图书集市。

　　流动售书即四处售书，是指书商或长途贩运或驾驶书船穿横于城市、乡村之间沿途叫卖。比如在苏州、无锡、常熟、湖州一带，一些书商利用江南水乡的便利条件，驾着一叶书舟，贩销于大江南北，不受时空限制，开拓图书市场。这些贩书船深受藏书家和读者欢迎，或待之如宾。

　　明代用于出版的图书类型特别丰富，图书市场上除《经史子集》四大部类外, 用于出版的图书类型主要有通俗小说、八股文选本、日用类书, 以及经商用书等。

通俗小说始于宋元时期的话本, 明代进入繁荣发展期。从嘉靖年间起通俗小说逐渐成为畅销书。如《三国志通俗演义》、《韵府群玉》、《青楼韵语》等, 声价籍籍一时, 海内争相购赏。

关于八股文选本, 明代推行开科取士科举制度, 考试专以"四书"、"五经"命题。许多书坊看中这一市场机会, 重金聘请文人从"四书"、"五经"的内容中各选出一二百个题目, 每个题目做八股文一篇刊刻成册, 即为明代中后期在市场上十分流行的八股文选本。如明万历末年, 江西的陈际、艾南英等文人的八股文选本, 曾经风行一时。苏杭一带的书坊, 常常花重金聘请他们选文。

日用类书是民间普通大众适用的日用参考书, 其内容庞杂, 天文、地理、旅游、交通、养生、卜验等均包容其中。

经商用书则是以商业经营为主要内容, 包含商业经营思想、商人职业道德、经营方法等。在当时, 以《万宝全书》为书名的经商用书就有近10种。如《华夷风物商程一览》、《士商类要》、《客商一览醒迷》、《士商要览》、《商贾指南》等书, 尤为商人们青睐。

明代书价与前朝相比相当便宜, 明代

赵丙

的刻本、宋刻本、抄本，它们的价格都很低廉。比如：明代刻本《新刻搜罗五车合并万宝全书》34卷，8册；明代官员葛寅亮撰《金陵梵刹志》53卷；著名小说家许仲琳撰《新刻锺伯敬先生评封神演义》20卷，100回；崇祯年间存仁堂陈怀轩刻本《新刻艾先生天禄阁汇编采精便览万宝全书》37卷，5册；《南华真经》，宋版，5本等。

明代注重图书发行宣传，以吸引读者，提高发行量。一般来讲，其宣传策略和方法包括：巧取书名，吸引眼球；利用"识语"，招徕读者；刊登书目，传递信息；创"评林体"，独具匠心；宣传形象，树立品牌。

书名是一书之窗口，通过这个窗口可以透视全书五彩缤纷的内容。就一部书而言，书名处在最直观、最显眼的位置，最先进入读者的视野。比如标榜刊印时间和刊印质量，宣扬版本之可靠等。

所谓"识语"，一般是指为了读者阅读之需要，在图书封面、扉页、卷首等位置简单介绍创作主旨、编辑缘起、版本流传、刊刻特色等内容。一般篇幅较短，因其位置醒目，具有较好的宣传作用。

明代书商常常利用"识语"广告，招徕读者。如1592年余象斗双峰堂刊本《音释补遗按鉴演义全像批评三国志传》，其"识语"说道：

本堂以诸名公批评、圈点，校证无差，人物、字画各无省陋，以便海内士子览之，下顾者可认双峰堂为记。

这条宣传文字，重点突出了余氏刊本的精善和能满足读者需要的特色，因而起到了很好的广告作用。

明代书商还刊登书目广告，传递出版信息。如1522年北京书商汪谅刻《文选注》，目录后列有14种书的书目广告。

评点是古代文学批评的一种重要形式，始于南宋时期，至明代，评点之风尤盛。其基本类型主要有"文人型"、"书商型"和"综合型"。其中，书商型评点是以追求图书传播商业效果的评点类型，以商业求利为目的的书坊主，能够迎合普通读者的需求。

所谓"评林"，是将评语"集之若林"之意。就"评林体"的内容而言，其评点多是有关小说中人物及其行为的道德评判。

这类评点或是对英雄、帝王的赞美，或是对昏君、乱臣的唾骂，或是对孝子节妇的褒扬，或是对奸夫淫妇的鄙弃，符合正统的道德审美标准，抓住了读者的心理，故其评点本才有更好的阅读市场。

就"评林体"的刊刻形式而言，"上评、中图、下文"的版式具有较好的广告效果。将评点话语单独置于一栏并放在最上层，突出了

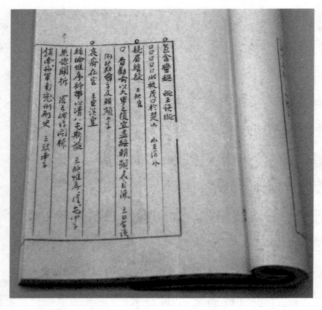

评点的位置，并且方便了读者的阅读。中间的插图，则生动形象地向读者展示了故事情节，极似后来的连环画，不停地吸引读者的眼球。

"文之不足以评补之，评之不足以图补之"，上评、中图、下文的版式使得读者可以在评语、插图、正文之间反复阅读，加深了印象。

形象和品牌是出版者的生命。明代书商在图书广告中，时时不忘宣传形象，塑造品牌。双峰堂的余象斗在万历年间刻本《锲三台山人芸窗汇爽万锦情林》6卷，就做了这样的宣传。此书扉页的屏风插图上有"三台馆"三个小字，该图表现的是"三台馆主人"批阅《万锦情林》的情景：

上栏有一人安坐，前置书桌，旁有两童侍立，疑为余文台写照。下方并列《汇锺情丽集》、《汇三妙全传》、《汇刘生觅莲》、《汇三奇传》、《汇情义表节》、《汇天缘奇遇》、《汇传奇全集》7种。

旁又有3行小字写道："更有汇集诗词歌赋、诸家小说甚多，难以全录于汇上。海内士子买者，一展而知之"。余象斗将自己的画像印在版画上，上下左三处配以刻书堂名、书名，以及本书主要内容，构成了一幅很好的图书形象广告。

明代图书广告艺术可谓花样翻新，风格各异，精彩纷呈。是古代图书艺术丛林中灿烂的一枝。

明代对图书出版的管理，主要表现为对违碍国家的图书加以禁止印卖流通。明代禁天文图谶、妖言之书等。

1737年颁发的《大明律》规定：

> 凡私家收藏玄象器物、天文图谶应禁之书及历代帝王将相、金玉符玺等物者杖一百……凡造谶纬、妖书、妖言及传用惑众者皆斩。

明代禁亵渎帝王圣贤的词曲、小说。被禁的小说有《剪灯新话》和《剪灯余话》等，皆因其中有大量的反封建意识，对当时的政权不利。1411年明代朝廷命各地发布榜文："但有亵渎帝王圣贤之词曲、驾头杂剧非律所该载者敢有收藏、传诵、印卖一时拿送法司究治。"

明代朝廷规定，官府刻本只准翻刻不准改刻。如建阳书坊鱼龙混杂，所刊书籍良莠不齐。为了加强管理，按察司对建阳书坊业进行处理，颁发了一批官刻"四书"、"五经"的标准本，又命建阳知县严督照式翻刊，方许刷卖。如发现问题，"追版划毁，决不轻贷"。

明代图书出版体系独具特色。在这一体系中，官方在诸如图书价格政策的制订、图书出版管理等方面占据主导地位，民间书商虽然处于从属地位，但其运用广泛的发行渠道和多样的宣传手段，从数量质量两方面提高了图书的出版水平，促进了书业的繁荣乃至整个社会的进步。

余象斗，福建建安人。明代后期书坊刻书家、书商、小说家。研究我国雕版印刷史和小说史的人都知道他。

余象斗作为明代末期著名出版家，其刻书活动有如下4个特点：一是自编小说，发挥文人特长。余象斗编纂的通俗小说可分为历史演义、公案小说和神魔小说；二是种类齐全；三是上图下文、图文并茂；四是广告缤纷，善于招揽顾客。他所编印的书，品种多，数量大，为出版事业贡献了毕生精力。

清代的图书出版系统

　　清代的图书出版包括官刻系统、私刻系统和坊刻系统，各个刻书系统都在编印卷帙繁简不等、题目范围多式多样的丛书和类书。

　　清代朝廷改变了明代由司礼监经管刻书的制度，官刻主要由宫中武英殿承担，在武英殿设置修书处，专掌修书、刻书之职。虽然内府

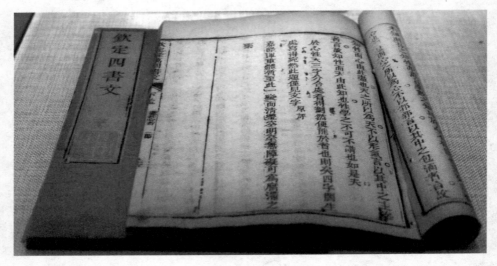

仍有其他机构也刻印书籍，但武英殿刻书则成为清代朝廷官刻书的主要代表。

武英殿于1680年设立，最初为武英殿造办处，后改名武英殿修书处。据《大清会典》记载：

> 修书处下分设监造处、校对书籍处。监造处专掌监刻书籍；再分设铜字库、书作、刷印作。校对书籍处负责书籍付印前、后之文字校正工作。

武英殿承刻书的范围很广，内容种类繁多。大致包括清代皇帝的著作、前朝的各类著作，以及方略、纪略，字书、类书、丛书、诗文集等。

清代皇帝的著作包括圣训、圣制、御纂、御制、敕命之书，还有一些书籍，是皇帝授命臣下编修的，因而冠以钦定、奉敕之名。如《资政要览》、《内则衍义》、《圣祖御制诗集》、《钦定十三经注疏》、

《钦定二十四史》、《十三经》、《二十一史》等。

前朝的各类著作包括经史著作、科学、文学等各类研究成果，均由朝廷重加刻印颁行。如《通典》、《通志》、《文献通考》、《五经》、《论语集解注疏》、《补刊通志堂经解》等。

方略、纪略著作指的是清代军事要闻，每次军事告成，必定编纂成书，纪录始末，称方略或纪略。每事以编年为序，原原本本纪录事情的全部经过，付诸刊行。如《平定准噶尔方略》、《平定两金川方略》、《钦定平定台湾纪略》等。

字书、类书、丛书，是为了加强民族之间的融合而大量编纂的汉族、满族、蒙古族等各民族文字用书。其中最著名的是卷帙浩繁、收录4.8万余汉字的《康熙字典》。此外还有《古今图书集成》、《四库全书》等。

诗文集的刻印，有清帝及朝臣之作如《皇清文颖》124卷，有唐宋元明时期诗集之刊印。还刻印有《历代赋汇》、《历代诗余》等著述，以及《全唐诗》900卷。

清代地方官刻有金陵官书局、浙江官书局、四川官书局、安徽敷文书局、山西官书局、山东官书局、直隶官书局等。这些书局虽以重兴文化为名，但所刊刻的书籍，多是御纂、钦定的本子。

其中经史居多，诗文次之。同时，为了迎合一般读者的需要，所刊刻的普通读物，定价低廉，求之较易，这些都是官书局刻书的特点。官书局刻书，是清代后期地方官刻书的重要代表。

清代的雕版书籍，以私家刻书最有价值。大体上可分为两类：一类是著名文人所刻自己的著作和前贤诗文，这类书大都是手写上版，即所谓写刻本，选用纸墨都比较考究，是刻本中的精品；另一类则是考据、辑佚、校勘学兴起之后，藏书家和校勘学家辑刻的丛书、逸书，或影摹校勘付印的旧版书。

私家刻书精本佳刻迭出不穷，而且在考据、校勘、辑佚学兴起之后，为适应其需要，才刻印了大批丛书、逸书和旧版书籍。其中各式各样丛书的出现是清代图书印刷事业的特色之一。

清代的坊间刻书更为兴盛，刻书数量很大。历史比较悠久的是扫叶山房。创设于明代后期，最初设在苏州。刻印经、史、子、集四部之书，以及笔记小说、村塾所用经史读本，多达数百余种。刻印字画清晰，惠及村塾蒙童。

清代坊刻事业十分活跃，许多民间大众读物，诸如小说、戏曲、唱本、医方、星占、类书、日用杂字等，多由这些书坊刻印出版。反映了民间的生活、社会风俗习惯的资料，也从这些书中可以找到。虽然书肆多重营利，往往因降低成本，影响书品质量，不如官刻、家刻版本精美。但是它在繁荣市场、普及文化教育方面所作的贡献是不容抹杀的。

总之，清代的官、私、坊各个刻书系统都在编印卷帙繁简不等、题目范围多式多样的丛书、类书。这类书籍的刻印流传，对于发展传统学术研究、保存古代文化遗产，都起了非常重要的作用。

知识点滴

　　清代翰林院所修各书，一般由掌院学士担任正副总裁，编修、检讨以上担任纂修官或提调官，庶吉士间或担任纂修官，典薄、待诏、孔目担任收掌官，笔帖式担任誉录官，间或担任收掌官。例如三通馆编《清代通典》、《清代文献通考》等书，总裁为掌院学士4人，纂修兼总校为侍讲学士7人，纂修兼校对官为侍讲学士等34人，提调官为检讨2人，收掌官为笔帖式2人，满纂修官9人。这些人员基本定额，不足便择人兼任其职。